U0173614

悲剧心理学

朱光潜 著

中国文史出版社
CHINA CULTURAL AND HISTORICAL PRESS

图书在版编目（CIP）数据

悲剧心理学 / 朱光潜著 . —北京：中国文史出版
社，2021.1
ISBN 978-7-5205-2614-2

Ⅰ . ①悲… Ⅱ . ①朱… Ⅲ . ①悲剧－文艺心理学
Ⅳ . ① I053

中国版本图书馆 CIP 数据核字（2020）第 235033 号

责任编辑：张春霞　高　贝

出版发行：中国文史出版社

社　　址：北京市海淀区西八里庄路 69 号院　邮编：100142
电　　话：010-81136606　81136602　81136603（发行部）
传　　真：010-81136655
印　　装：廊坊市海涛印刷有限公司
经　　销：全国新华书店
开　　本：787mm×1092mm　1/16
印　　张：15
字　　数：214 千字
版　　次：2021 年 3 月第 1 版
印　　次：2022 年 4 月第 2 次印刷
定　　价：49.80 元

中译本自序

我现在把《悲剧心理学》交给出版社印制单行本。为什么要把近半个世纪前的旧著拿出来面世呢？这还得从上海文艺出版社替我编印选集说起。他们建议把我少年时代在法国用英文写的、由斯特拉斯堡大学出版社出版的一部《悲剧心理学》博士论文译成中文收进选集里。我原先有些踌躇，一则这部处女作似已不合时宜，二则年老体衰，已无力自译。后来我请北京大学西语系文学教研室张隆溪同志把原文看了一遍，他也主张宜译，并且表示愿代我译出。他的英文基础以及西方文学的知识和鉴别力都是我素来钦佩的，于是我就把这项翻译工作全权付托给他。他译完后我读了一遍，觉得他的译文基本忠实，我只偶尔在个别字句方面略作修改，于是征得编辑的同意，把它附在选集第三卷里。

这部论著从 1933 年初出版之后，我就没有工夫再看它一遍了。于今事隔半个世纪，因收入选集，匆匆把中译本看了一遍，才看出负责编辑和译者张隆溪同志的意见是正确的。这不仅因为这部处女作是我的文艺思想的起点，是《文艺心理学》和《诗论》的萌芽；也不仅因为我见知于少数西方文艺批评家，主要靠这部外文著作；更重要的是我从此较清楚地认识到我本来的思想面貌，不仅在美学方面，尤其在整个人生观方面。一般读者都认为我是克罗齐式的唯心主义信徒，现在我自己才认识到我实在是尼采式的唯心主义信徒。在我心灵里植根的倒不是克罗齐的《美学原理》中的直觉说，而是尼采的《悲剧的诞生》中的酒神精神和日神精神。那么，为什么我从1933年回国后，除掉发表在《文学杂志》的《看戏和演戏：两种人生观》那篇不长的论文以外，就少谈叔本华和尼采呢？这是由于我有顾忌，胆怯，不诚实。读过拙著《西方美学史》的朋友们往往责怪我竟忘了叔本华和尼采这样两位影响深远的美学家，这种责怪是罪有应得的。现在把这部处女作译出并交付出版，略可弥补前愆，作为认罪的表示。我一面校阅这部中译本，一面也结合到我国文艺界当前的一些论争，感到这部处女作还不完全是"明日黄花"，无论从正面看，还是从反面看，都还有可和一些文艺界的老问题挂上钩的地方。知我罪我，我都坚信读者群众的雪亮的眼睛。

朱光潜

1982年春写于北京大学，时年八十有五

前言

　　这部论著的基础是 1927 年在爱丁堡大学心理学研究班小组讨论会上宣读的论文《论悲剧的快感》。心理学系主任詹姆斯·竺来佛博士（Dr.James Drever）建议我把这篇文章扩充成一部论著。我遵照他的建议，在竺来佛博士和英国文学教授谷里尔生博士（Dr.H.J.C.Grierson）共同指导下，对此问题进行了一年的研究。但后来我放弃了这个打算，主要原因是在寻求一般文化教养中不能多花时间去专门探讨这个问题，而我又不愿浅尝辄止，把这问题弄糟。最近五年来，我学习的各门课程都与悲剧有关。我读得越多，就越感到这个题目之大是远非我能胜任愉快的。如果我现在不揣浅陋，又来讨论这个问题，倒并非由于我的自信心有所增长，只是因为条件不允许我再在欧洲淹留，而正是在欧洲，我才最有机会阅读有关书籍并向教授们请教。

　　在法国斯特拉斯堡大学进修的三年中，心理学系主任夏尔·布朗达尔教授（Prof. Charles Blondel）指导我写作论文，波兰人科绪尔文学教授（Prof. A.Kozsul）也常常给我指教，如果没有他们无数次的教导和具体修改，这部论著就会有更多错误，我谨在此向他们表示无尽的感谢。我也愿借此机会感谢我从前的英国老师，曾给我许多鼓励和帮助的谷里尔生教授和竺来佛教授。

朱光潜
1933 年 3 月于斯特拉斯堡

目 录

第一章 ——— 绪论：问题的提出
与全书提要

一

我们在下文准备讨论的问题可以用一句话来概括：我们为什么喜欢悲剧？

只要我们想到，痛苦和灾难一般只会引起哀怨，这个问题就越显得难解了。伟大的波斯王泽克西斯（Xerxes）在看到自己统率的浩浩荡荡的大军向希腊进攻时，曾潸然泪下，向自己的叔父说："当我想到人生的短暂，想到再过一百年后，这支浩荡的大军中没有一个人还能活在世间，便感到一阵突然的悲哀。"他的叔父回答说："然而人生中还有比这更可悲的事情，人生固然短暂，但无论在这大军之中或在别的地方，都找不出一个人真正幸福得从来不会感到，而且是不止一次地感到，活着还不如死去。灾难会降临到我们头上，疾病会时时困扰我们，使短暂的生命似乎也漫长难挨了。"[1]

这些话并非一两个人的哀叹，而是在历史上时常可以听见的。人们不断因为人世的苦难而呻吟。只要记住《圣经·旧约》中的约伯和其他由于神的

——————————
[1] 希罗多德：《历史》，1862年英文版，第四卷第38页。

愤怒而遭难的人，我们就不能责怪他们怨天尤人了。然而奇怪的是，人们固然憎恶苦难，却又喜欢观看舞台上演出的悲惨事件。他们看过美狄亚杀死自己的儿女，或李尔王受到亲生女儿的虐待，却心满意足地离开剧院回家去。

因此，人们在悲剧中获得快乐似乎不是什么值得引以为荣的事情，也曾使许多心地虔诚的人困惑不安。例如圣·奥古斯丁在他的《忏悔录》里就说过这样一段有趣的话：

> 戏剧也曾使我迷恋，剧中全是表现我的痛苦的形象和激起我的欲望之火的形象。没有谁愿意遭受苦难，但为什么人们又喜欢观看悲惨的场面呢？他们喜欢作为观众对这种场面感到悲悯，而且正是这种悲悯构成他们的快感。这不是可悲的疯狂又是什么？因为一个人愈是受到悲惨情节的感染，就愈难摆脱这类情节的控制。①

圣·奥古斯丁提出的这个问题，也许我们喜欢看戏的人大多数都想到过。当我们想在近代心理学中去寻求答案时，不禁会失望地发现，心理学往往不适当地忽略了悲剧快感的问题。康德的《纯粹理性批判》对悲剧未发一言。里波（Ribot）在《情感心理学》论审美感情的一章里，德拉库瓦教授（Prof. Delacroix）在他的近著《艺术心理学》里，关于悲剧的论述都是语焉不详。这样的忽略确实令人惊异，因为近代心理学已经把探索的光芒照到了几乎人类活动的一切领域，从唾液腺的条件反射直到梦和种族记忆的朦胧区域。对文学领域的探测也并没有放松，例如弗洛伊德派论神话传说的著作以及布朗达尔教授最近深入研究伟大的小说家马塞尔·普鲁斯特的心理发展过程的著作。谷列格（Greig）在他的《笑的心理学》后面所附的参考书目里，提到不下三百种对喜剧进行心理研究的专著。谁不希望有一本论悲剧的著作可以和柏格森那篇文笔优美、说理透彻的《论笑》（实即论喜剧）媲美呢？为什么论喜剧的著作已

---

① 圣·奥古斯丁：《忏悔录》，1907年英文版，第三卷第二节。

经这样多，论悲剧的又这样少呢？难道人们更喜欢喋喋不休地谈论人生的光明面，而一旦说到悲剧，却保持一种适合于悲剧的庄重的缄默吗？

二

忽略悲剧快感的问题无疑不能以这个问题不重要为理由来辩解。悲剧向来被认为是最高的文学形式，取得杰出成就的悲剧家也是人间最伟大的天才。他们在心理科学还未流行之前就已是最深刻的心理学家。从埃斯库罗斯到莎士比亚和歌德，世界上最聪明的人在悲剧中积累了大量心理学的智慧，所以心理学家忽视悲剧肯定是不明智的。我们即使把研究范围局限于悲剧快感，解决了这个棘手的问题也会大大启发我们去解决许多一般心理学的问题，例如感情的问题。究竟是意动①决定感情，还是感情决定意动，在心理学家之间最近展开了热烈的争辩。据享乐主义派的意见，人的每一种活动都可以描述为寻求快乐或躲避痛苦的努力。唯生论者则认为，快乐和痛苦都不是事物本身所固有的，而是取决于我们达到某一目的的行动是成功还是失败。我们在后面将会证明，把这些互相对立的理论运用到悲剧快感问题上去，就能够检验它们的正确与否。快乐与痛苦的关系是心理学家们感到棘手的另一个问题。快乐和痛苦之间是质的差别，抑或仅仅是量的差别？它们能否混合在一起？痛苦能否转化为快乐？所有这些问题如果和悲剧快感的问题联系起来，就会研究得更透彻。同情的本质、情绪缓和的作用以及其他许多心理学问题，不用说，都和我们将要讨论的问题密切联系在一起。

我们所讨论的问题的重要性并不局限于心理学。这个问题的解决对美学也将是一大贡献。在遇到道德与艺术的关系问题时，美学研究者们往往茫然无所适从。相信浪漫派或克罗齐及"表现派"理论的人，坚决肯定艺术的内在价值和审美经验的独立性。似乎只应当为艺术而艺术，艺术有它本身存

---

① 意动（conation），心理学上指心理的能动方面，包括意志和愿望等，是生命力的冲动的表现。

在的内在理由；艺术并不为任何外在的目的服务，如宣传道德的教训或谋取实际的利益。有人甚至完全否认生活对艺术的影响以及联想在审美经验中的作用。另一方面，遵循从柏拉图到托尔斯泰悠久的哲学传统的人，则同样坚决地肯定艺术完全依附于生活和道德。艺术应该像美德一样，完全是一种"善"。有人甚至走得更远，视艺术为道德的奴仆。这互相对立的两派在悲剧的领域里争论得最激烈，因为在这个领域内，我们随时会遇到正义、艺术的道德作用以及生活对艺术的影响等问题。因此，没有悲剧提供的论据，这场争论是不可能有结果的。此外，美学家们很喜欢明确各"种"美之间的关系和区别，例如崇高与优美、悲剧性与喜剧性、抒情性与史诗性等等。颇为奇怪的是，也许除了博克之外，他们都没有想到悲剧与崇高的美是密切相关的。例如，叔本华和黑格尔都详细讨论过悲剧，也讨论过崇高，但却没有论证它们之间的关系和区别。其他论者依照康德的榜样，对悲剧根本未作任何论述。毫无疑问，如果美学理论忽略了历来正当地受到尊重的悲剧这种艺术形式，就够不上称为美学。在本篇论文中，我们将努力填补我们认为存在于美学当中的一大空白。我们将明确悲剧的美与其他形式的美，尤其是崇高美之间的关系和区别。

与美学紧密联系的是文学批评。与别的艺术形式一样，文学也是心灵与心灵互相交流的一种媒介。一切正确的批评理论都必须以深刻了解创造的心灵与鉴赏的心灵为基础。过去许多文学批评之所以有缺陷，就在于缺少坚实的心理学基础。仅就戏剧艺术而言，自文艺复兴时代以来，欧洲的批评家们一直在无休止地争论人物和情节何者更重要、三一律问题、诗的正义的必要性以及无数别的学术问题，这些问题长期以来使学者们大伤脑筋。虽然这都是些值得探讨的问题，但仅仅引用亚理斯多德的名言或指出莎士比亚或拉辛的创作实践，都不能使问题得到满意的解决。还必须考虑悲剧以什么方式对观众情绪所产生的作用。这又立即把我们带到我们所要探讨的悲剧快感问题的中心。

我们这个问题的解决还会有益于舞台表演艺术。自从狄德罗发表了有关戏剧表演的著名理论以来，演员们之间一直在争论，是应当把自己完全和所要表演的角色等同起来，还是应当控制自己，使自己摆脱一切情感。拉·克勒雍（La Clairon）是不是比拉·玛丽白兰（La Malibran）更伟大的女演员？塔尔玛（Talma）坚持要使自我控制和一时的灵感应当结合起来，是否是正确的意见？布景的写实性和舞台性的争论是另一个需要考虑的问题。舞台上是否应当用结实的房子和写实主义的装饰来产生像实际生活中那样的幻觉呢？或者布景应当充满具有表现意义的道具，让观众有充分的余地去加以想象，就像戈登·克莱格（Gordon Craig）所主张的那样呢？这种种问题如果不适当考虑舞台表演对观众情绪的作用，也不可能得到满意的解决。

虽然我们的兴趣主要在心理学和科学的方面，但我们也不能不提到我们这个问题与宗教和哲学的关系。悲剧和宗教与哲学所要解决的终极问题密切相关。但我们必须记住，悲剧既不是宗教信条，也不是哲学体系。我们在后面将在适当的时候明确悲剧与哲学及宗教的关系。我们还将说明，像正义、命运等宗教和哲学观念如何影响了关于悲剧的讨论。总的说来，可以说哲学家们远比心理学家较明确认识到了悲剧问题的重要意义。事实上，我们在完成本文中提出的这个任务时，就会遇到许多可敬的同伴仅举几位曾在哲学的沉思中探讨过悲剧问题的哲学家，就有柏拉图、亚理斯多德、休谟、席勒、黑格尔、叔本华、尼采等。

三

尽管哲学家们和批评家们做了一些努力，悲剧快感的问题仍然远远没有解决。他们得出的结论虽然各有些有趣的地方，却往往互相矛盾。有人把悲剧快感的原因归结为人的恶意，又有人把它归结为人的同情心；一派哲学家认为悲剧精神是乐观的，另一派又认为是悲观的；某些批评家认为悲剧中的决定因素是命运，又有些批评家认为是正义的力量。这些理论大多不能符合近代心理学的要求，提出这些理论的人都忽略了进行这种研究应当遵循的某些基本原则。他们一般都由于方法上有错误而被引到错误的道路上去。

首先，悲剧是具体事物而不是一个抽象概念。因此，认真讨论悲剧问题必须以事实为基础，也即是以世界上一些悲剧杰作为基础。然而哲学家当中一个普遍的错误，却是本末倒置。他们不是用归纳的办法，从仔细研究埃斯库罗斯、索福克勒斯、莎士比亚、拉辛和其他伟大悲剧诗人的作品中去建立自己的理论，却是从某种预拟的哲学体系中先验地演绎出理论。他们提出一个玄学的大前提，再把悲剧作为具体例证去证明这个前提。但在这样做的时候，他们恰恰是用前提去说明悲剧的本质，忘记了需要论证的正是前提本身。黑格尔为我们提供了这种恶性循环论证的一个典型例子。他从一般的绝对哲学观念出发，假定整个世界都服从于理性，世界上的一切，包括邪恶和痛苦，都可以从伦理的角度去加以说明和证明其合理性。于是他进而用悲剧作例子来证明永恒的正义的胜利，并要我们相信，安提戈涅由于对死去的兄弟尽了亲人的责任而受到应得的惩罚！叔本华也牺牲悲剧来保全他的哲学。他发现希腊悲剧并不能证明他那听天由命的理论，于是竟贸然宣称，希腊人尽管有埃斯库罗斯和索福克勒斯留下来的杰作，"却还没有达到悲剧艺术的高峰和目的"！从这些例子可以看出，当哲学家们从天上走下来，尝试去解决一些个别的具体问题时，他们是多么力不从心。

很少哲学修养的批评家们更常犯的另一个错误，是不能把作为艺术形式的悲剧和实际生活中的苦难相区别。我们在后面将有机会更充分地说明这二者的区别，现在只需指出这样一点：悲剧表现的是一种理想化的生活，或者说是放在人为的结构中的生活。我们对于悲剧中的灾难和不幸，不会作出像在实际生活中那样的反应，正如我们对凡·高的一幅画中画的苹果，不会作出像对餐桌上放的一只真正的苹果那样的反应。欣赏悲剧主要是一种审美活动，因而应当把它区别于像哀悼亲友的死亡或庆幸敌人的失败这样一类实际态度。讨论悲剧的学者们通常把这两类不同的经验视为一类。例如博克就曾假定在表演一出极崇高动人的悲剧时，观众离开剧院到旁边的广场上去看处决一名罪犯，接着就根据这一根本没有得到实际经验证明的假定，提出实际生活中的不幸比模仿艺术中的不幸更能激发人的同情。另一方面，法格

（M.Faguet）则举出古罗马的角斗士表演、西班牙的异教裁判法庭以及人类残酷性的其他例子，证明欣赏悲剧同样是为使我们天性中的恶意得到一种邪恶的满足。这种推论纯粹是混淆了问题的实质。并不是没有为了满足同情心或恶意而去看悲剧的人，但问题却在于这样一种实际或道德性质的满足，是否正是悲剧所特有的快感。

　　然而哲学家和批评家们常常被可以称之为简单化的诱惑引入歧途。人们仔细读完各种论悲剧的论著之后，容易得出一个身陷迷津的印象：每条路都像是通往出口，但却总是引向死胡同。有些理论互相格格不入，但我们又不能说其中某一种完全错误，另一种完全正确，这就在混乱之上又增加了混乱。然而理论家们自己总是确信自己一贯正确，而别人总是大谬不然。在这样一片混乱之中，谁还会有勇气宣布自己的新理论而不冒被自己的同行驳斥的危险呢？这一切麻烦的根源都在于滥用一个抽象的因果关系的逻辑概念。"任何结果都有原因，任何原因都有结果。一个原因必有一个结果"，逻辑学家们都这样说，波乐纽斯庆幸自己发现了哈姆雷特发疯的"原因"时，也是这样相信的。这个真理似乎是那么明显，要对它产生任何怀疑都会是荒唐的举动。于是当讨论任何具体问题的理论家处在需要作出抉择的关头时，便毫不犹豫、心安理得地径直选择一条路。他固执地拒绝听一听关于这一问题的别的意见，因为那意味着承认原因的多样性。但不幸的是，在像我们这样的世界里，任何一件事情都错综复杂地和无数件别的事情相关联，整体总决定着局部，既没有彼此孤立的原因，也没有彼此孤立的结果。如果说物质世界的情形如此，精神世界的情形就更是如此了。孤立的原因和孤立的结果都是形式逻辑和原子论心理学虚构出来的幻影，在实际的精神生活中绝不存在。以喜剧和笑的问题为例。人们提出了无数的解答，柏拉图、霍布斯、康德、叔本华、柏格森和弗洛伊德，究竟谁走的是正路呢？笑是由于恶意、"突然感到的荣耀"、自相矛盾、心力的节省、社会对个人缺陷的惩罚，还是别的什么原因呢？抽象的因果关系的逻辑概念迫使我们赞成这种或那种说法，而不允许采取中间道路。但真理却不在其中。詹姆斯·萨利（James Sully）在考察了关于这一问题的各种不同论点之后，得出了这样一个结论："在笑的领域里，'原因的多样性'作用特别明显，而关于可笑的理论却要在这样一个领域里去寻找一个统一的原因，所以总是一再地失败。"[①] 道理多么简单，而明白这个简单道理又多么不容易！一旦明白了这个道理，就像是拨开迷雾重见青天！用"悲剧"两个字代替上面所引那段话中的"可笑"两个字，你对于悲剧问题目前的状况就能有一个明确的概念。

四

悲剧的欣赏是一个复杂的现象，没有哪一种原因就能够对之作出全面的说明。这也可以解释为什么从前的悲剧理论虽然没有一种能够全然令人满意，却几乎每一种都有一点道理。它们都不够充分，但也非全然错误。认识到这一点就使我们确信，研究悲剧快感问题最好的方法是公平地检查从前的理论，取其精华。这样，我们就有希望形成一种全面系统的看法，消除偏见，解决矛盾。对于像悲剧这样的老话题，已经没有什么完全新的话可说。为了避免误解，我们现在就愿意申明，我们并不打算在本文提出任何崭新的理论。正像本文的副标题表明的，我们的主要目的是进行"各种悲剧快感理论的批判研究"。在这里寻求新奇或独创性的人将会大大失望，把某些片面的理论推演到它们荒谬的逻辑结论、把悲剧性分析为崇高与悲悯相结合的结果、关于痛苦转化为快乐的讨论、悲剧净化作用的意义的探讨，再加上别的几点不大重要的东西，这就是本篇论文里可以说多少有点独创性的内容。也许即使这几点内容也是前人已经提到过的，只不过我们知道的有限，没有见到前人的一切有关论述。那么，我们决定选择这个题目来写作有什么理由呢？对此可以稍加说明。推动学术的发展可以通过发现过去未知的东西来实现，也可以通过把已经说过的话加以检验，重新评价和综合来实现。也许在不像数学和物理学那样精确的学科里，后一种方法和前一种方法同样重要。

---

① 詹姆斯·萨利：《论笑》，1902 年，第 18 页。

因为理论一般像从周围各点拍摄的照片一样，有时它们拍出的甚至只是被照物体的无关紧要的方面。为了对物体的全貌有一个清楚的概念，我们就必须把从不同角度拍摄的所有照片加以比较。在有关悲剧的问题上，这种性质的工作还没有完成。在这篇论文里，我们为自己规定的正是这样一个任务。那就是得出关于这个问题的整体观念。

我们将依次讨论在说明悲剧快感的原因时，可以在多大程度上考虑审美观照、恶意、同情心、道德感、乐观的人生观和悲观的人生观、情绪缓和作用、活力感、智力好奇心的满足以及其他一些因素。如果可能，我们将把这些因素归纳成一些共同标准。但既然承认"原因的多样性"，我们也就用不着拘泥于某一种抽象教条而歪曲具体经验。我们无意于为建立理论而削足适履。我们将主要在具体事实的基础上展开论述，既不想用任何玄学的大前提来作我们关于悲剧的结论的理论依据，也不想用任何悲剧理论来支持某种预定的哲学学说。我们的方法将是批判的和综合的，说坏一点，就是"折衷的"。

即将作为我们论证基础的材料可以分为三类：

（一）悲剧的杰作。必须把它们看成具有头等重要意义的文献。讨论悲剧必须既考虑古代悲剧，也考虑近代悲剧。我们记得叔本华否定希腊悲剧，认为它没有达到悲剧的理想，因为埃斯库罗斯、索福克勒斯和欧里庇得斯所塑造的一些男女主角并没有像叔本华喜爱的理论所要求的那样，否定求生的意志。另一方面，黑格尔所阐发的理论又很难应用于近代人的作品。在这种情形里，我们宁可站在悲剧诗人们一边，而不愿保全被哲学家们所珍爱的任何片面的理论。

（二）书籍和杂志上记录的有关悲剧的意见和印象：这些又可分为四小类：

（1）悲剧诗人们自己发表的言论，如高乃依的《论文》《序言》等，拉辛的《序言》，席勒的《美学论文》，雨果的《克伦威尔序言》，以及其他类似的著作。这些文章一般是为作者的创作实践作辩护。它们虽然不免有些个人癖性和文学陈套的影响，却往往显出只有诗人们自己才具有的眼光。如果我们想窥见诗人在创作伟大悲剧作品时的精神状态，这些文章就特别有价值。

（2）观众、读者、编辑、评论作者和演讲者的言论，如约翰逊的《莎士比亚全集序言》、狄德罗的《论演员的矛盾》、莱辛的《汉堡剧评》、施莱格尔的《戏剧和文学讲演集》、布拉德雷教授的《论莎士比亚悲剧》、最近由詹姆斯·阿格茨（James Agates）编辑的《英国戏剧批评家文集》等等。这些著作使我们理解到具有敏锐的感觉和高度文学修养的人们在鉴赏悲剧时的思想活动。在这里，我们也必须仔细地把真正的欣赏和文学陈套及个人癖好区别开来。

（3）演员的言论，这类著作不幸十分有限，因为杰出的演员并不常常撰写论述自己的表演艺术的书籍。但这个空白有时被批评家和传记作家间接记录了伟大演员个人观点的著作填补起来了。这类有趣的文献，如哈姆雷特对演员们说的一段话、珀西·费兹杰拉德（Percy Fitzgerald）的《大卫·伽立克传》、莎拉·邦娜（Sarah Bernhardt）的《回忆录》、安德烈·安托万（André Antoine）的《我的回忆》等，由于揭示了伟大的表演艺术家们在演出悲剧时的思想状况，所以对于我们特别有价值。

（4）哲学家的言论，如亚理斯多德的《诗学》、休谟的《论悲剧》、卢梭的《论剧书信集》、黑格尔的《美学》、叔本华的《作为意志与表象的世界》、尼采的《悲剧的诞生》等等。我们的主要目的既然是批判地考查这些著作中发表的理论，它们自然就是我们主要的一类材料。

（三）个人印象。心理学既是关于行为的科学，也是关于内心的科学，因此，无论美国的行为派心理学家们如何反对，我们也绝不能忽视内省的证据（introspective evidences）。尤其在审美反应中，绝不可能排除主观因素。正像俗话说的，各人有各人的口味。归根结底，对任何美学问题抱有一定看法的作者，首先必须肯定这种看法与自己的个人经验相符合。克莱夫·贝尔（Clive Bell）说得好，"只有那些一谈到艺术就激情洋溢的人们，才可能占有材料并从中推演出有益的理论。"① 没有亲身的审美经验做基础的美学理论，几乎都是骗人的理论。因此，我们在本文中偶尔也要引证自己个人的印象。西方悲剧这种文学"体裁"几乎是中国所没有的（其原因在第十二章里有说明），因此在论述这种体裁时，我们深知自己有所欠缺，力不从心。但另一方面，由于我们没有传统观念和狭隘民族意识的束缚，也许能比欧洲作者以较客观的方式和从较新的观点去看待这个问题。我们对亚理斯多德关于怜悯和恐惧及其净化的学说所作的解释，研究古典文化的学者们也许会嗤之以鼻，而我们贬低某些现代悲剧诗人的话则很可能引起另一些人的反对。我们提出这类多少带着异端色彩的看法，唯一的理由就是它们都经过仔细研究具体事实之后才形成的。然而，我们也很清楚过分依赖主观印象的危险，因为尽人皆知主观印象是片面的，而且往往是错误的。因此，我们将竭力求助于那些学识、判断力和鉴赏力都比我们强的人，用他们的观点来证实或批驳我们的个人印象。

---

① 克莱夫·贝尔：《艺术论》，1914 年，第一章第一节。

第二章 —— 审美态度和应用于悲剧的 "心理距离" 说

一

悲剧尽管起源于宗教祭祷仪式，却首先是一种艺术形式，而观看悲剧则是一项审美活动。因此，悲剧理论总是要求预先说明一些普通的美学原理。我们在解决我们面临的特殊任务之前，最好先对一般审美经验的特点作一个清楚的说明。

那么，什么叫审美经验呢?

暂时排开一切外部影响和关系的问题，抽象地来谈审美经验，我们就可以说审美经验是为了它自身的原因对一个客体的观照，这一客体可以是一件艺术品，也可以是一个自然物。审美经验一方面与普通的实践活动或道德活动有区别，因为它不是由任何满足实际需要的欲望所推动，也不是引导出任何要达到某种外在目的的活动。另一方面，它也区别于科学态度，因为它并不包含逻辑概念的思维，如利用因果联系把眼前的物体与一系列别的物体联系起来，同时还因为它虽然也是超功利的，却伴随着热烈的情感，而这对于科学推理却往往是有害的。

我们可以举一个简单的例子，假设有一位商人、一位植物学家和一位诗人同时在看一朵樱花。如果他们每一个人都遵从自己的思考习惯，那么这同一朵花就会产生三种不同的印象，引出三种不同的态度。商人总想着谋利，于是他就会计算这朵花在市场上能卖出的价，并且和园丁讲起生意来。植物学家会去数一数花瓣和花柱，把开花的原因归结为土质肥沃，给花分类，并且给它一个拉丁文的学名。但诗人却是那么单纯，对他说来，这朵小花就是整整一个世界。他全神贯注在这朵花上而忘记了一切。转瞬之间这朵小花变成一个有生命的活物，对着他微笑，引得他的同情。在美的享受到极度狂喜的一刻，诗人把自己也化成了花，分享着花的生命和感情。我们在这里见到的，便分别是实用的、科学的和审美的态度。当然，这种大的区别并不排除我们每一个人都可能在不同的时刻成为一个实际的人、一个科学家和诗人。然而一个人一旦处在诗人的时刻，即处在审美观照的时刻，便不可能同时又做一个实际的人和科学家，而必须放弃自己实际的和科学的兴趣，哪怕是暂时地放弃。

康德曾强调审美经验的非实用性，称审美经验为"超功利的观照"。他写道："与我们关于某一对象的存在的思想有关系的满足，就叫作利益。因此，这种满足总是与欲望的官能相联系，或者直接影响欲望，或者必然与影响欲望的东西有关。但是，当问题在于某一事物是否美时，我们就并不想知道，对于我们或对于别的任何人说来，是否有任何东西依赖或能够依赖于对象的存在，而只注意我们在纯粹的观照中怎样评价它。"[①] 换言之，审美活动是超脱和独立于实际需要的。这种"超脱"的观念使席勒和斯宾塞把审美活动视为"过剩精力"的横溢，并把它与游戏的冲动相联系。在艺术中如在游戏中一样，有一种"假象"或幻觉。理想世界在出神入化的一刻，可以达到现实世界的全部力量与生气。

大多数近代哲学家，尤其是克罗齐，强调了也是由康德指出过的审美感

---

① 康德：《判断力批判》，第一卷第二节；转引自卡瑞特（Caritt）：《美的哲学》，1931年英文版，第110页。

觉的非概念性。这位意大利美学家把艺术活动界定为"纯粹形式的直觉"。直觉是一种先于并独立于推理即概念思维的精神活动。它是"形象的创造"。克罗齐说："在纯哲学形式中，理性认识总是现实性的。也就是说，它以区别现实与非现实为目的。……但直觉恰恰意味着没有现实与非现实的区别，它是作为头脑中的画面的形象，是纯粹想象的理想化。"[1]

理性认识可以说就是关系的认识，它在因果关系或在种与类的关系中去把一事物与他事物联系起来。审美感觉恰恰在不把一事物与他事物联系起来看待这一点上，区别于理性认识。因此可以像哈曼（R.Haman）和闵斯特堡（H.Münsterberg）那样，把审美感觉描述为对象的"孤立"。[2]整个意识领域都被孤立的对象所独占。这就是如柏格森所指出的，类似于被催眠而昏睡的精神状态。

由于全部注意力都凝聚在一个孤立的对象上，主体和客体的区别就在意识中消失了。二者合而为一。叔本华曾很好地描述过这一现象。他说，在审美经验中，主体"不再考虑事物的时间、地点、原因和去向，而只看孤立着的事物本身。"然后，"他迷失在对象之中，即甚至忘记自己的个性、意志，而仅仅作为纯粹的主体继续存在，像是对象的一面明镜，好像那儿只有对象存在，而没有任何人感知它，他再也分不出感觉和感觉者，两者已经完全合一，因为整个意识都充满了一幅美的图画。"[3]

由于自我与非我同一，于是一方面自然出现了把主观感情投射到客体中去的倾向，另一方面又出现了把客观情调吸收到主体中来的倾向。前一种活动产生出罗斯金（Ruskin）所谓"感情的误置"，即立普斯描述为"移情作用"（Einfühlung）的现象；后一种活动则产生出谷鲁斯（Groos）所谓的"内模仿"（innere Nachahmung）。通过移情作用，无知觉的客体有了知觉，它被人格化，开始有感觉、感情和活动能力。于是我们可以说"群山站立起来"，

---

[1] 克罗齐：《美学纲要》，1913年；转引自《美的哲学》，英文版第233-234页。

[2] 闵斯特堡：《艺术教育原理》，1905年，第19-20页。

[3] 叔本华：《作为意志与表象的世界》（参见本书第八章），第三卷第三四节。

"波浪在起舞","多利克式圆柱向上升举","丁香和玫瑰为清晨而叹息"等等①。通过内模仿，主体分享着外在客体的生命，并仿照它们形成自己的感觉、感情和活动。②于是我们见到高山或一头雄狮而感到意气昂扬，看见密罗斯的维纳斯而使身体摆出微倾的姿势，或者像洛慈（Lotze）出色地描述过的那样："把我们的生命与刚刚绽开的嫩芽的生命等同起来，在我们的灵魂里感到轻柔地悬在半空中的枝条那种喜悦。"③

以上便是一般审美经验的主要特点。从这些总的特点中，近代美学家们得出了一些结论，虽然这些结论还有许多仍在争辩之中，但对于我们当前的目的说来却极为重要。

（1）由于审美观照是一种高度专注的精神状态，所以与概念的联想是不可调和的。对美学中的联想说的攻击可以追溯到康德划分"自由"美和"从属"美，后来又由形式主义者大力发挥，尤其是研究音乐理论的人如汉斯立克（Hanslick）和盖尔尼（Gurney）等。他们认为艺术应当直接诉诸我们的感觉，而"表现"即联想因素则应减少到最低限度。对联想侵入审美观照所提出的最有分量的反对意见，是说概念的联想总是变幻莫测、摇摆不定而且混乱的，缺乏对于艺术十分必要的内在必然性与和谐的秩序。它不是使思想集中凝聚于美的物体，而是把思想引入迷途。譬如你在听贝多芬的田园交响乐，你的思想离开音乐而走向青葱的草地、潺湲的溪流和啁啾的小鸟，你感到满心欢喜。但是，你欣赏的并不是音乐本身，而只是联想起来的田园景色。

（2）审美态度和批评态度不可能同时并存，因为批评总要包括逻辑思维和概念的联想。要批评就要下判断，也就要把一般原理应用于个别情况。这主要是一种科学的或哲学的活动。例如当我们看见一朵美丽的花而入迷的时候，我们会有一刻暂时停止一切思想活动，仅在一种出神的状态中观赏引起美感的

① 立普斯：《论移情作用》，转引自卡瑞特：《美的哲学》，第 252—258 页。
② 谷鲁斯：《人类的游戏》，鲍德温（Baldwin）英译本，第 322—323 页。
③ 洛慈：《缩形宇宙论》，第一卷第二章；转引自浮龙·李（Vernon Lee）：《美与丑》，1911年，第 17—18 页。

花的外表。在这样一种思想状态中，我们无暇判断说："这花很美"，或"它很难看"，正像我们不会说："这是我妻子喜爱的花"，或"华兹华斯曾写过一首咏它的诗"。一旦我们能说出这种话时，便已经摆脱了入迷的状态，从魔法的仙境回到了科学的和实用的世界。克罗齐说得好，"诗人在批评家中死去。"

（3）审美态度与批评态度的区别动摇了所谓"享乐派美学"的基础，这一派美学一般是和亚历山大·倍恩（Alexander Bain）、格兰·亚伦（Grant Allen）和马夏尔（R.Marshall）的名字联系在一起的。他们从美总是给人快乐这一无可否认的事实出发，却达到美是一种快乐这样一个没有充分根据的结论。这种关于美的享乐主义观点在逻辑上是错误的，因为美给人快乐这个命题是不可逆转的；这种观点在心理上也不正确，因为当我们沉醉于对美的事物的观照时，我们很难停下来想它是给人快乐的。只有当我们从审美的迷醉中醒来时，我们才会对自己说："它使人快乐"，或者"我喜欢它"。像批评的判断一样，审美快感的意识只是一种事后的意识。快乐只是一种结果，若把快乐说成是美的基本性质，就必定是本末倒置了。

（4）由于同样的原因，审美经验是独立于道德的考虑的。下道德判断就要采取一种批评态度，也就是脱离开白热化的激情而像哲学家那样冷静地思考。这就又像概念的联想一样，引导思想离开对象本身而走向与之不同的东西。一件艺术品可能有道德价值，甚或有明确的道德目的，但当我们审美地欣赏它时，这种道德价值或目的是置诸脑后的。一旦你问自己，《神曲》或《包法利夫人》是道德的还是不道德的，或者安提戈涅或考狄利娅之死能否满足正义感，你就已不在审美经验的范畴之内，却在行使立法者或警察法庭法官的职责。[①]

① 关于形式主义美学，可参看下列著作：（1）康德：《判断力批判》。（2）克罗齐：《美学》。（3）巴希（V.Basch）：《康德美学批判》，1927年；《美学的主要问题》，载《哲学评论》（Revue Philosophique），1921年7月号。（4）克莱夫·贝尔（Clive Bell）：《艺术论》，1914年。（5）罗杰·弗莱（Roger Fry）：《幻象与设计》（Vision and Design），1930年。

二

上面勾勒出的一般美学原理的轮廓,可以说代表了从康德到克罗齐的欧洲美学思想的主流。这个主流显然是形式主义的。从主观方面说来,它把审美感觉归结为先于逻辑概念思维,甚至先于意义的理解的一种纯粹的基本直觉;从客观方面说来,它把审美对象缩小到没有任何理性内容的纯感觉的外表。

这种关于审美经验的形式主义观点永远不可能说服一个普通人。它尽管在逻辑上十分严密,却有一个内在的弱点。它在抽象的形式中处理审美经验,把它从生活的整体联系中割裂出来,并通过严格的逻辑分析把它归并为最简单的要素。问题在于把审美经验这样简化之后,就几乎不可能把它再放进生活的联系中去。对完全属于感觉方面的外表的直觉,只是一个很少在具体实际经验中实现的理想。这是取消了概念思维,但鉴赏总须以理解为前提,而艺术品也没有一件是无意义的。概念联想的情形也是这样。艺术从生活中获取材料,因而只能通过生活经验的媒介去加以解释。用过去的经验来解释现在的事情就总要运用概念的联想。例如,没有概念联想,就不可能有移情作用。你注视着一朵花,设想它在微笑或在哭泣,你能否认联想在这里起了作用吗?据某些法国美学家的说法,"诗的快感"不是别的,就是"为满足深刻的情感需要而自由地加以系统化的整套意象。"[1]同样,你否认道德感在艺术中的作用,然而道德感却随时会侵入艺术领域。伟大的艺术绝非不道德的艺术。我们虽然在沉醉的一刻不会考虑到道德因素,但在那一刻来临之前,道德感的确起一种决定作用。如果道德感没有首先在某种程度上得到满足或至少未受干扰,审美快感的一刻就永远不会来临。某些题材在本质上就会伤害我们的道德感,引起我们强烈的厌恨,把审美快感驱散得无影无踪。《李尔王》中康瓦尔和吕甘挖出葛罗斯脱伯爵双眼的一场就是一个例子至少

---

[1] 于特勒(J.Hytler):《诗的快感》,1923年。

对某些观众说来是这样。①

生活是一个有机整体，其中的各个部分纵横交错，分离出任何一部分都不可能不伤害其余的部分。它并不像一座砖砌的房子，可以拆开之后又重建起来，只要把拆散的砖放回原来的位置就行。在生活中，特别是在精神生活中，虽然整体是由各个部分组成，但各部分的总和并不就能构成整体。正因为如此，把纯分析方法应用于精神活动往往有歪曲精神活动本质的危险。分析方法一般是机械式的，而生活却不是一部机器，也不是镶嵌制品。形式主义美学的错误与原子论心理学的错误相似。它们都把精神生活分解为最简单的成分，却忘记了活的生物是不能进行活体解剖而继续存在的。"完形"（Gestalt）心理学对原子论心理学的批评同样适用于形式主义美学。我们在逻辑上也许不能完全否认纯粹直觉的存在，但纯粹直觉像单纯的感觉一样，在实际生活中是非常罕见的现象。

形式主义者既然把艺术和审美经验从生活的整体联系中分离出来，自然就不再理会生活作为整体可能以何种方式对艺术和审美经验发生影响。他们把审美经验的纯粹性和独立性过度夸大，甚至认为不必自问，这样一种纯粹的审美经验是在什么条件下产生和维持的。每一个人都有直觉的官能，每一物体也都有作用于感官的外表。那么在审美地观物时，人与人怎么会不同呢？物体在对我们起审美作用时，怎么也会彼此差异呢？你一旦进入审美的迷醉状态，自然很可以说你仅仅用直觉来看事物，事物外表也只对你的感官起作用。你说的也都是实情。但你的话只描述了现象，却没有解释它，也没有肯定在怎样的条件下你才能够进入这样一种审美经验。要回答这个问题，不能够简单地说，被观看的对象物的美就是审美经验的条件。因为就是按形式主义者自己的说法，美也并不是现成地存在于对象之中，可以随时取得，而是每一次新的审美经验的创造。作为审美经验的产物，美不可能先于审美

---

① 参看沃克利（A.B.Walkley）：《从〈李尔王〉开始的新的戏剧经历》，载阿格茨编：《英国戏剧批评家文集》，1932年，第271页。

经验并作为其条件而存在。

哲学家也许有特权抽象地处理事物，但心理学家却必须整个地处理具体经验，注意各个组成部分的相互关系，并弄清每一部分的原因和结果。要进行这样的研究，就需要比"纯粹形式的直觉"这个形式主义者的公式广阔得多的准则。在我们看来，"心理距离"说就提供了这样一个较广阔的准则。这种理论的一大优点是在像形式主义那样强调审美经验的纯粹性的同时，并没有忽视有利或不利于产生和维持审美经验的各种条件。

"心理距离"说可以在德国美学中找到根源。叔本华已经把审美经验说成是"彻底改变看待事物的普通方式"。常常用来描述审美观照的"超然"（detachment）一词，也暗含着距离的意思。据德拉库瓦教授说，缪勒·弗莱因斐尔斯（Müller Freienfels）在谈到审美态度时，正是使用了"距离"一词。[①] 但是，把"距离"的概念讲得最详尽的是英国心理学家爱德华·布洛（Edward Bullough）的文章《作为艺术中的因素和一种美学原理的心理距离》。[②] 布洛的著作深受形式主义的影响，他好像并没有认识到自己的理论打破了形式主义美学的狭隘界限，扩大了艺术心理学的范围，使之能包括比抽象的纯审美经验广大得多的领域。熟悉他的理论的人将会发现，本章中阐述的"距离"概念尽管大体上还是他的观点，却已经扩展到了他所不可能预见的程度。

我们可以把"距离"描述为说明审美对象脱离与日常实际生活联系的一种比喻说法。美的事物往往有一点"遥远"，这是它的特点之一。第一次到欧洲的东方游客通常有这样的印象：凡是于他有点陌生的东西都自有其特殊的魅力，哪怕是一只篮子、一座风车，甚或农妇头上的一条头巾，在他眼里也比在当地人眼里显得更漂亮。第一次漂洋过海到中国或日本的西方人，也会有类似的印象。近而熟悉的事物往往显得平常、庸俗甚至丑陋。但把它们

① 德拉库瓦：《艺术心理学》，1927年，第27页。
② 载《英国心理学学报》，第五卷，1912年。

放在一定距离之外，以超然的精神看待它们，则可能变得奇特、动人甚至美丽。因此，空间距离有利于审美态度的产生。

时间距离的情形也是如此。年代久远常常使最寻常的物体也具有一种美。因为济慈著名的《颂诗》而不朽的希腊古瓶，对于忒俄克里托斯（Theocritus）的同时代人说来，不过是盛酒、油或这一类家常用品的器皿而已。"从前"这两个字可以立即把我们带到诗和传奇的童话世界。甚至一桩罪恶或一件坏事也可以随着时间的流逝而逐渐不那么令人反感。现在还有谁会因为俄瑞斯忒斯杀母而责备他，或者因为海伦与人私奔而传她到法庭受审？这些古代人物曾经唤起激情，引出热泪和深沉的叹息，造成许多战士的英名，也招致许多都市的毁灭，然而对于我们，他们不过是头上罩着神话光环的一些历史的傀儡，离我们十分遥远而又极富魅力。

把"距离"一词应用于时间和空间，当然是在本义上的正当的用法，但这个词也可以用在比喻的意义上。可以说我们有可能在一物体和我们自己的实际利害关系之间插入一段距离。我们可以在这里引用布洛举过的例子来说明。假设海上起了大雾。对一个水手说来，这是极不愉快的事情，预示着危险，引起他的烦躁不安。但如果抛开一切实际利害的考虑，把注意力集中在现象本身上面，这场大雾就成了赏心悦目的美景。那使水天一色的透明的薄纱，那远离尘世、陌生孤独的感觉，还有那既给人安恬，又令人感到几分恐惧的一片沉寂，这一切都使浓雾中的海变成一幅格外美的画。

在所有这些例子中，一个普通物体之所以变得美，都是由于插入一段距离而使人的眼光发生了变化，使某一现象或事件得以超出我们的个人需求和目的的范围，使我们能够客观而超然地看待它。例如一条街，在当地人看来极为平常，而在陌生人眼中却很美，因为这条街于前者已成为日常实际联系的中心，这条街上住着一个朋友或一个仇敌，这里是某家银行的标记，那里又是某个食品店的招牌等等；然而对于后者，这条街还没有形成种种日常联系，所以他能够把它仅仅看作一条街，也就是说，仅仅看它诉诸感觉的外表。换言之，陌生人比当地人更能对这条街取审美的态度，前者比后者更容易现出一定的"距离"。

布洛正确地指出："这种对事物采取一定距离的看法并不是、也不可能是我们通常的看法。一般说来，经验总是把同一个面转向我们，即具有最强的实际吸引力的一面。……忽然从寻常未加注意的另一面去看事物，往往能给我们以一种启示，而这类启示正是艺术的启示。"

以上所谈的距离说并没有什么新东西，它不过是形象地重述了我们在本章第一节中大致描述过的形式主义观点。但它进一步提出了一个确定审美经验条件的标准。

我们已经说过，对审美对象单纯的观照由于"距离"而成为可能。但是，"这并不意味着自我与对象之间的联系被打破到与个人无关的程度"。"恰恰相反，它所描述的是一种往往具有浓烈感情色彩的个人关系。"不过这种个人关系的性质经过了"过滤"。"它的魅力已经清除了实际具体的性质，然而却并不因此而丧失其原来的品格。"

主体和客体之间这种"切身的"而又"有距离的"关系，引起布洛提出了一条原理，这是他的贡献中最有价值的部分，即"距离的自我矛盾"（"antinomy of distance"）。

主体和客体之间的关系既然是"切身的"，客体能成功而强烈地吸引我们的程度就会直接对应于客体与我们的智力特点和经验的个人特质完全一致的程度。它愈是诉诸我们内心深处的欲望和本能，愈是与我们过去的经验和谐一致，就愈能吸引我们的注意，有助于我们的理解，并引起我们的兴趣和同情。如果它离人的经验太遥远，或太违背人情，人们对它就会不理解，因而也就不能欣赏。

另一方面，主体和客体之间的关系既然必须"有距离"，客观现象与主观经验的协调就不应当太完全，以致把主体束缚在实际的态度上，也就是导致距离的丧失。客体愈是激起我们的欲望，使我们回想起自己的个人经验，我们就愈会把思想集中在自己身上，想到自己的悲欢、自己的希望与忧患，而不是去凝神观照客体本身。

于是这就产生了一个矛盾，也正是它构成所谓"距离的自我矛盾"。可以举一个简单的例子来说明。

假设有一个年轻人爱上一个与别人订了婚的姑娘，像通常在这种无望的相思的情形下所有的那样，深感悔恨与绝望的痛苦，厌倦了生命，想着自杀。假设他恰好读到《少年维特之烦恼》这篇忧伤的故事，或者看到这故事改编为剧本在舞台上演出。他会比任何人都更能理解和欣赏维特的情境、性格、行动和精神上的痛苦，因为这一切都与他自己的个人经验非常接近。然而事实上，这样一种非常接近的情形大概只是使他强烈地意识到自己的烦恼和绝望。经过一种观点的转换，他不再想到维特和夏绿蒂，却只想自己和他那不可能结合在一起的心上人。他再也不能把歌德的小说作为艺术品来欣赏。这篇小说只是激起他感情的火焰，导致激情的爆发。

这个例子说明，主观经验与客观的虚构情节过分近似会导致距离的丧失。然而人们保持距离的能力却各各不同。我们记得，歌德在听说友人耶路撒冷因失恋而自杀的消息后，写了《维特》这部作品，当时他自己刚与夏绿蒂关系破裂，想要自杀。他当时所感是许多青年都体验过的，但他所做的却是只有伟大的艺术家才能成就的事情。他使自己的经验形象化而创造出一部艺术作品。这个例子说明，对事物取一定距离的观点对于艺术创作和欣赏都极为重要。它也能说明，为什么很多人自认为有足够的个人经验写诗或小说，却总是写不成功。德拉库瓦教授写道："为了描述自己的感情，艺术家应当达到某种程度的客观化（il faut que l'artiste l'exteriorise en quelque sorte），成为自己的模仿者（imitateur de lui-même）"[1] "客观化"其实就是形成距离的另一种说法。

因此，距离取决于两个因素：主体和客体。为了形成距离，主体必须通过自然的天赋或反复的训练具有一定程度的艺术才能。在这方面，人与人的

---

[1] 德拉库瓦：《艺术心理学》，第86页。

差别很大。有些人简直不可能把事物与它们的实际意义区分开，另一些人则很容易做到这一点，诗人和艺术家就属于这类人。另一方面，为了引起人的审美态度，客体必须多多少少脱离开直接的现实，这样才不致太快地引出实际利害的打算。一般说来，在时间和空间上已经有一定距离的事物，比那些和我们的激情及活动紧密相连的事物更容易形成距离。例如，一个亲爱者的死亡往往使人过于悲痛而不能立即用在艺术作品里。用个比喻的说法，艺术家不可能趁热打铁。只有过了一段时间之后，那些使人喜不胜喜、悲不胜悲的事件才可能通过回忆与反省得到过滤，进入一支歌或一篇回忆录。诗，正如华兹华斯所说，是"在平静中回味到的情感"。

因此艺术成功的秘密在于距离的微妙调整。布洛说："在创作和鉴赏中最好的是最大限度地缩短距离，但又始终有距离。""距离过度"是理想主义艺术常犯的毛病，它往往意味着难以理解和缺少兴味；"距离不足"则是自然主义艺术常犯的毛病，它往往使艺术品难于脱离其日常的实际联想。艺术必须保持一定的距离，所以它在本质上是形式主义的和反写实主义的。距离的程度随艺术形式的不同而不同。一切艺术中最重形式的是音乐，它把表现成分减到最低限度，却保持着最大限度的距离。现代欧洲的歌剧不遗余力地要给音乐加上内容，它力图把几乎不能协调的两个东西结合在一起，结果是既破坏了音乐，也分散了对戏剧的注意。雕塑由于在三度空间中逼真地表现人体，所以丧失距离的危险极大。为了避免这种危险，古埃及人便采用固定而且程式化的姿态，近代雕塑家便让当代人物穿上古代的衣衫，并把可联想到的运动姿势限制在最低限度。在绘画中，二度空间这种性质自然就形成距离，放画的画框也能起隔离的作用。后期印象派则有时似乎把距离拉得太大，因为他们时常大大歪曲物体的自然形状，使人初看起来不知道画的是什么东西。

以上的例子足以证明，在艺术和审美经验中，距离是一个重要因素。距离概念对于一般美学很有价值，因为它给了我们确定产生和保持审美态度的条件的一个标准。被形式主义者认为与美学不相容而抛弃的逻辑认识、个人经验、概念的联想、道德感、本能、欲望以及其他许多因素，的确使我们的审美经验或成或毁。在艺术中和在生活中一样，"中庸"是一个理想。艺术中也总是有一个限度，超出这个限度时，这些因素的有无都不利于达到艺术的效果。换言之，这些因素都应当各自放在适当的距离之外。

三

初看起来，我们这样详细讨论一般美学好像没有什么道理，但最终将证明是有道理的。我们将要在具体讨论悲剧心理学时说的话，在很大程度上将有赖于我们关于一般艺术心理学已经说过的那些话。在本章中，我们彻底分析了审美经验，它的先决条件，以及它与其他形式的精神活动的关系；在以下各章，我们将把这些一般原理应用于悲剧快感问题。我们将把它们用作试金石来检验从前各种理论的合理性。

我们想立即说明，我们的目的是在更大范围内来看我们要研究的主要课题。无论是康德和克罗齐纯粹形式主义的美学，或是柏拉图、黑格尔和托尔斯泰明显道德论的美学，都不能作为合理的悲剧心理学的基础。我们不仅要把悲剧的欣赏作为一个孤立的纯审美现象来描述，而且要说明它的原因和结果，并确定它与整个生活中各种活动之间的关系。这就使我们扩大了传统的正统美学的范围，传统美学把审美现象孤立起来，强调它的纯粹性和独立性，把范围扩大之后，就可以探索广阔得多的领域，其中包括审美经验与其他精神活动的关系。我们发现"心理距离"说是一条有用的标准，可以用它来确定这些关系。

在本章的其余部分，我们将一般地讨论应用于悲剧的距离概念。

一般说来，戏剧艺术由于是通过真正的人来表现人的行动和感情，所以有丧失距离的危险。它有写实的倾向，容易在观众头脑里产生活动在真实世界里的虚假印象。和别的艺术形式比较起来，它有许多不利条件。它没有雕塑和绘画那种静穆，因为它不是用哑剧，而是通过生动的对话和激烈的动作来表现人。它和音乐不同而主要依靠"表现"力，它必须讲述人世间的故事，而这类故事很容易产生习惯性的概念联想，唤起一种多少是实际的态度。男女演员们是和我们一样的普通人；他们也和我们一样会哭，会笑，会喝酒，会结仇，会做各种各样的事情。结果我们很容易像天真的儿童和乡下人那样，把演戏时装出的悲欢当成真的，与演员们同悲同喜，想向坏人报仇，而当有情人克服种种不幸和障碍终成眷属时，便不禁鼓掌庆贺。这自然已不是一种审美态度，距离已经丧失了。

除此而外，观剧以真人为艺术媒介还有一个不利之处，那就是观众很容易取一种批判态度。在造形艺术中，艺术家本人并不引人注目；作品一旦完成，他们便谦逊地退避一旁。面对一幅画或一尊雕像时，除非我们具有历史的头脑，一般便很少想到艺术家。但在戏剧中，演员既是艺术媒介，又是"艺术家"。他们在我们眼前既是哈姆雷特或伊菲革涅亚，又是哈姆雷特或伊菲革涅亚这一角色或好或坏的扮演者。他们是随时在我们眼前活动的艺术家，好像在对我们说："这就是我们的作品，评判吧，赞美吧！"伊丽莎白时代许多剧本的开场白更加强了这种感觉。例如，《罗密欧与朱丽叶》开头有这么几句引子：

> 他们那以死殉情的凄惨故事，……
> 演成这一台两个钟头的戏剧；
> 我这没说清楚的，请列位耐心，
> 后面的表演将尽力交代分明。

于是我们所同情的就不是演员扮演的角色，而是作为艺术家的演员。如果这位艺术家恰好是我们认识的人，那就更是如此。我们对他的成败十分关切，为他鼓掌或为他喝倒彩。这样一种批判态度与超然观照任何艺术品所必需的全神贯注是格格不入的。在戏剧情节发展的关键时刻，演员们常常因为观众大声鼓掌而扬扬得意，也不管这种欣赏的表示完全与审美鉴赏异趣。从这方面说来，独自阅读剧本优于看舞台演出的剧，它既能避免由于用真人作媒介而产生的幻觉，也能避免对演员取批判态度。表演中一个笨拙的举动或朗诵中一个微小的失误，都会破坏全场的戏剧效果；阅读剧本却绝没有这样的危险。许多悲剧的伟大杰作读起来比表演出来更好。例如《被缚的普罗米修斯》或《李尔王》，在现代舞台上会失去许多深沉含蓄的寓意和广阔浩大的气势。解释一部剧有许许多多的方法，而演员却只得固守其中一种。所以，表演通常把一部伟大的悲剧缩小成演员可以表演、观众可以看懂的一连串戏剧情节。

悲剧比别种戏剧更容易唤起道德感和个人感情，因为它是最严肃的艺术，不可能像滑稽戏或喜剧那样把它看成是开玩笑。悲剧描绘的激情都是最基本的，可以毫无例外地感染一切人；它所表现的情节一般都是可恐怖的，而人们在可恐怖的事物面前往往变得严肃而深沉。他们或者对生与死、善与恶、人与命运等等问题作深邃的哲理的沉思，或者在悲剧情节与他们自己的个人经验有相似之处时，如猜忌的丈夫看《奥瑟罗》的演出，便沉浸在自己的悲哀和痛苦之中。他们于是变成荣格（Jung）所谓"内倾者"（"introvert"），而悲剧的欣赏却需要"外倾者"（"extrovert"）的那种客观态度。

在保持距离这一点上，作为一种戏剧形式的悲剧与音乐和造形艺术相比，有一些先天的不利条件。但这些不利条件一般都被戏剧艺术的各种手法弥补起来了。现在我们就来看一看在悲剧中使生活"距离化"的几种较重要的手法。

（1）空间和时间的遥远性。悲剧中形成"距离"最明显的手法就是让戏剧情节发生的时间是在往古的历史时期，地点是在遥远的国度。希腊悲剧一般取材自荷马史诗和民间神话。像普罗米修斯反叛宙斯这类传说的起源，都是淹没在往古的迷雾之中。甚至特洛伊战争及有关的传说故事也至少发生在埃斯库罗斯和索福克勒斯获得悲剧比赛奖之前六七百年。这些"不幸的往古的故事"环围着神圣而又神秘的光圈，早已没有寻常实际生活那种卑微污秽，与雅典公民们也没有任何实际联系。除了《波斯人》这部也许是唯一的"应景之作"而外，悲剧诗人当时很少采用同时代事件为题材。近代悲剧也同样喜欢采用古老的传说故事。对古典戏剧的戒律不感兴趣的莎士比亚，虽然生活在一个发生许多重大事件的时代，而且他绝不可能对玛丽·斯图亚特的悲惨结局这样一个被席勒用诗剧使之不朽的主题无动于衷，却很少把同时代的事件引入悲剧创作。他所写的剧中，相对而言题材较近代的唯一一部悲剧是《奥瑟罗》，但他却把此剧的地点放在意大利，而且用一个黑皮肤的摩尔人作主角，谁也不知道这个摩尔人究竟是哪里的人。当莎士比亚转向本国题材时，他注意的是像李尔和麦克白这样的传说中的古代帝王。像《理查二世》《亨利八世》这些通常归在"历史剧"一类的剧本，然而它们很难与莎士比亚的伟大悲剧列在一类，而且甚至在这些剧本中，也通过我们现在就要讨论的其他一些手法形成距离，如抒情成分的渗入、人物和情境的非常性质等等。高乃依和莎士比亚一样，特别喜欢古罗马历史。他剧中的主角大多是古罗马人，只有《熙德》一剧例外，因为熙德是一位封建骑士，因此比较而言是一个近代人物，但此剧情节发生的地点是西班牙，从而在空间上形成了距离。拉辛主要采用希腊悲剧的传统主题，而且和他那位伟大的竞争对手一样，也常常取材于古罗马史。当他离开惯常取用的题材时，便在描写土耳其人、波斯人和犹太人的题材中去寻求灵感。甚至可以说他是距离说的第一位阐释者。在《巴雅泽》第二版序言中，他为采用了近代题材而作如下的辩解：

的确，我决不会建议一位作者选取和他处于同一时期的现代事件作为悲剧的题材，如果这事件就发生在他打算在那儿演出他的悲剧的那个国家，我也不会建议他把大多数观众都已经很熟悉的角色放到舞台上去。我们看待悲剧人物应当用和我们平时看周围普通人物不同的另一种眼光。可以说剧中人离我们愈远，我们对他们也愈是尊敬：Major e longinquo reverentia〔距离增强敬意〕。地点的遥远（éloignement）可以在某种程度上弥补时间的过分接近。我敢说人们对于千年以前和千里之外发生的事情，是几乎不加任何区别的。

拉辛所谓"遥远"（éloignement），正是我们所说的"距离"。他说得很对，缺少时间距离可以用空间距离来弥补，只是他可以再补充说，距离不仅能增强我们对悲剧人物的敬意，而且使戏剧情节与同时代的实际生活脱离联系。

（2）人物、情境与情节的非常性质。空间和时间距离是一般艺术所通用的手法。悲剧中还有另一种"距离"因素，那就是人物、情境与情节的非常性质。悲剧英雄往往超出于一般人之上。有的，像普罗米修斯和海格立斯，是半神半人；还有的，像希波吕托斯、安提戈涅和勃鲁托斯，具有格外高尚的品格；另外还有一些，像麦克白、理查二世和克莉奥佩特拉，虽然是坏人，却有极大的意志力量，有一点悲剧的崇高感。他们都是按巨人的尺寸塑造出来的。他们身上总有些不寻常的东西，从对实际结果的希望和担忧这方面说来，使观众不可能把自己与他们等同起来。这些特殊人物所处的情境也是特殊的。仅举悲剧情境的几个例子，俄瑞斯忒斯必须杀死自己的母亲，俄狄浦斯将不自觉地犯下严重的大罪，安提戈涅得在渎神与违犯国法之间作出选择，罗德里克须向自己情人的父亲复仇。一般人很少可能遭逢类似的不幸。最后，悲剧情节的异常性质甚至更为突出。如果我们普通人没有悲剧英雄那种超群的力量，我们也没有他那种令人难以置信的弱点。许多悲剧情境如果换到现实生活中来，大概不会导致那么悲惨的结局。预见、谨慎或妥协可以避免祸患的发生。譬如，俄狄浦斯力求避免杀父之罪，却杀死一个在年龄和地位上都很可能是、而且的确是他父亲的老人；他力求避免乱伦罪，却娶了一位在年龄和地位上都很可能是、而且的确是他守寡的母亲。要是一个普通人处在俄狄浦斯的地位上，只要下定决心根本不杀人，只要终身不娶或者不娶年龄比自己大的女人为妻，就会轻而易举地把问题解决。同样，要是一个普通人处在哈姆雷特的地位，就会或者与克罗迪斯妥协，或者抓紧第一个机会把他杀掉。任何年迈的父亲都会比李尔更精明，任何妒忌的丈夫都会比奥瑟罗更有辨别能力。的确，在大多数著名悲剧的情境中，普通人都会采取不同的行动，从而避免悲剧结局。所有这些因素人物、情境和情节都会使悲剧高于一般生活。

（3）艺术技巧与程式。某些戏剧艺术的技巧和程式也帮助悲剧形成距离。与别的艺术形式一样，悲剧在本质上也是人为的和形式的。它要求某些形式特点，如统一、平衡、对比、幕与场的适当分布等等，而这些都是实际生活中的事件绝不会有的。联系到这一点，可以稍微在此谈谈三一律这个老问题。从距离的观点看来，唯一真有意义的只是情节的统一。悲剧仅仅表现从实际生活错综复杂的关系网中取出来的一个生活片段。复杂的情节不仅难于在舞台上表现，而且容易与现实生活相混淆。所以情节的统一实际上是非写实主义的，是"距离化"的一个重要手段。但是，空间和时间的统一却是另一种情形。人们一般是提出自然主义的理由来为之辩护。有人争辩说，一个人可以在短短两三个小时内由出生到成婚再到做父亲，可以在三十分钟内由托勒迈斯的宫殿到阿克丁姆海岬，都是违背自然常理的，然而这些东西比之勃鲁托斯只带几个兵就与凯撒交战，比之科任托斯人会派一个牧羊人做大使来召俄狄浦斯回国登王位，并不更违背情理。它们确实违反自然，但却有助于情节的统一，保持艺术与生活之间的距离。它们使阿伽门农的被杀或考狄利娅之死不可能像近邻遭逢的灾难那样直接地感染观众。

（4）抒情成分。不应当忘记，悲剧是从抒情诗和舞蹈中产生出来的。悲剧不使用日常生活的语言，而一般是以诗歌体写成。它是诗的最高形式，而它的诗的成分构成另一个重要的"距离化"因素。它那庄重华美的词藻、和谐悦耳的节奏和韵律、丰富的意象和辉煌的色彩这一切都使悲剧情节大大高于平凡的人生，而且减弱我们可能感到的悲剧的恐怖。情境越可怖，就越需要抒情的宽慰。在伟大的悲剧作品中，"诗的音调"往往随高潮的来临而升高。哈姆雷特诀别霍拉旭时说的话、麦克白刚刚杀了邓肯王之后说的关于睡眠的一段著名独白、奥瑟罗自尽前对威尼斯派来的使臣讲的一番话，便是一些最典型的例子。许多伟大悲剧的故事如果用日常使用的散文讲出来，都会变得毫无趣味。报纸上关于因恋爱而杀人等犯罪新闻的报道，并不能给我们像悲剧那样的印象，因为它们并没有热烈的抒情音调。

　　抒情成分在希腊悲剧中占有重要地位。它特别与合唱相联系，正如席勒在《麦西纳的新娘》序中所说，合唱是"悲剧在自己周围筑起来的一道活的墙，用它来隔断与现实世界的接触，保持自己理想的领域和诗的自由"。在近代欧洲悲剧中，纯抒情成分似乎大大减少了。我们只是偶尔在莎士比亚作品中找到一支歌。高乃依和拉辛的悲剧始终都是用亚历山大格式的诗体写成的慷慨激昂的对话。近代歌剧好像"隐隐约约"使人想到希腊悲剧的合唱，但这两者的精神其实大不相同。希腊合唱远在戏剧情节之外，主要目的是给人以抒情的宽慰，而近代歌剧演员们本身就是戏剧角色，他们唱的其实常常是慷慨陈词的对话，很少抒情成分。然而尽管有这样的差异，歌剧的存在却表明，即使现代人也意识到有必要用诗和音乐来缓和悲剧情节令人痛苦的性质。整个说来，戏剧语言越来越趋于写实。放弃了抒情插曲之后，不久便整个地放弃了诗歌形式。一百年以前由司汤达提出的在悲剧中使用散文的主张，已经越来越为人们所接受。人们常常提出悲剧与诗是否有必然联系的问题。易卜生、梅特林克、邓南遮以及其他许多现代大师们的成功，使人难以采取教条主义态度来回答这个问题。不过可以提出两点。首先，历史证据似乎使我们得出这样的结论：悲剧的衰落总是恰恰与诗的衰落同时发生。我们要找证据，只需想想产生伟大哲学家时代的希腊、紧接伊丽莎白时代之后的英国以及卢梭和伏尔泰时代的法国就够了。其次，即使一位现代大师用散文来写悲剧时，也常常力图超出纯粹散文的水平，保持一种独特的词句和节奏的诗意。我们只需看一看梅特林克的《室内》、邓南遮的《死城》或者沁孤的《悲哀的狄尔德丽》，对这一点就会确信不疑。戏剧语言和日常会话用语之间的距离确实缩小了，但并没有完全消失。[①]

　　（5）超自然的气氛。在大多数伟大悲剧中，往往有一种神怪的气氛。这

---

① 关于散文悲剧的问题，可参看下列著作：（1）鲁卡斯（F.L.Lucas）：《悲剧》，1298年，第六章；（2）尼柯尔：《戏剧理论》，1931年，第二章第三节；（3）桑塔亚那：《论美感》，1905年，第226至238页。

种气氛加强了悲剧感，使我们的想象驰骋在一个理想的世界里。希腊悲剧诗人在创造这样一种气氛方面具有十分完善的技巧。德尔斐的一道神谕、卡珊德拉或忒瑞西阿斯的预言，或者合唱队扮成老年人角色的预感，都可以像一道强光在我们心目中闪过，为我们照亮远比在舞台上演出的个别事件更为广阔的一片幽暗背景。它在我们心中唤起一种神秘感和一种惊奇感。近代悲剧是现世的，但超自然成分并没有完全退出舞台。例如，莎士比亚就写了《麦克白》中女巫的一场、《哈姆雷特》中鬼魂的一场、《裘力斯·凯撒》和《李尔王》中暴风雨的场景等，这些场景都使我们觉得在这些悲剧主角的头上闪烁着一道神秘的光芒。当然，超自然成分的效果有赖于观众的信念。《俄狄浦斯在科罗诺斯》的预言今天对于我们，已不可能产生像对于古希腊人产生的那种效果。《哈姆雷特》中的鬼魂也不可能使我们像伊丽莎白时代的观众那样毛骨悚然。但尽管如此，甚至在我们这个科学和理性主义的时代里，许多伟大的悲剧杰作中仍然可以感到超自然成分的影响。它不再以具有肉身的神、鬼、女巫等古老粗糙的形式向我们显现，而是呈现出更巧妙、更难以捉摸的形状，像尼柯尔教授（Prof.A.Nicoll）所说的那样，是"半隐半显、飘浮不定的思想和感情的游丝"。梅特林克的《普莱雅和梅丽桑德》就是一个好例子。在这个剧里，强烈的现世的激情由于冷冰冰的、具有神怪气氛的布景而获得一种距离，使人觉得好像老是笼罩在永远暗无天日的山洞的阴影里。戈洛问梅丽桑德："你觉得这儿很阴郁吗？""这座城堡确实又古老又阴暗。……又冷又深。住在这的人也都老了。外面全是森林，一片没有光亮的古老森林，可能也一样阴郁吧。"像这样的几句话便能去掉戏剧情节中现世的成分，创造出一个梦魇般的境界，在进入这个梦境的大门上赫然有这样的铭文："凡进此门者须抛弃一切现世的希望及畏惧！"

（6）舞台技巧和布景效果。这是保持距离的另一个因素。世界毕竟不是舞台，而只要舞台建造和装饰得像一个舞台，谁也就不会把这二者混淆起来。希腊人根本就没有舞台。他们的剧场几乎只是围绕山脚下一个祭坛的一圈起伏不平的场地。如果当时也有些装饰，那也是极其简单的。希腊戏剧的演员通常穿着厚底靴，戴着刻板的面具，比普通人显得高大一些。他们借助一个扩音的孔用低沉单调的声音说话。中国戏剧虽在舞台上演出，过去却很少用布景装饰。像在古希腊一样，演员也穿厚底的靴子，画脸谱。人物在有戏时便上场，而不用使者传唤。如果演员挥动右臂，那就表明是在骑马；要是一位少女用手指在空气里轻轻弹动，那就表明她在敲门。剧情一会儿是在一家客栈里展开，一会儿又是在皇宫里，其间并没有布景的变换，甚至不落幕。在近代欧洲，伊丽莎白时代的舞台也同样粗糙简陋，没有许多布景装饰。酒店有时只用一块招牌表示，说开场白的演员往往告诉观众，剧情是发生在维洛那还是在雅典。舞台上那同一个楼厅，这天用来演市民们与约翰王和菲力浦·奥古斯塔斯谈判的场面，另一天又用来作朱丽叶与罗密欧告别的阳台。只是从较近的时期开始，欧洲舞台才精心地追求写实主义的布景。立体的道具代替了二度空间的景片，还有演员可以靠在上面的真正的墙和岩石。表演也以写实主义的方式进行。莫斯科艺术剧院的演员们颇为自己有创造现实生活幻觉的能力而自豪。在英国也出现了把莎士比亚"现代化"的尝试只是不怎么成功。写实主义似乎成了时代的口号。人们可能会觉得奇怪，如果在剧院里除了现实生活的拙劣模仿以外一无所获，那为什么还去看戏呢。然而值得宽慰的是，像克莱格和莱因哈特（Reinhardt）这样的大艺术家正在走另一条路，在他们的布景中更多追求的是美和暗示，而不是写实主义。

因此，我们可以作出结论说：写实主义与悲剧精神是不相容的。悲剧中的痛苦和灾难绝不能与现实生活中的痛苦和灾难混为一谈，因为时间和空间的遥远性，悲剧人物、情境和情节的不寻常性质，艺术程式和技巧，强烈的抒情意味，超自然的气氛，最后还有非现实而具暗示性的舞台演出技巧，都使悲剧与现实之间隔着一段"距离"。悲剧情节通过所有这些"距离化"因素之后，可以说被"过滤"了一遍，从而除去了原来的粗糙与鄙陋。雪莱在《钦契一家》序言中写道：

　　这个关于钦契的故事的确阴惨可怖，把它不加修饰地表现在舞台上一定是难以容忍的。任何人要采用这一题材，都必须增加一些理想的成分，尽力减少实际情节的恐怖，只有这样，从存在于这些剧烈的痛苦和罪恶里的诗意所获得的快感，才有可能减轻在看到造成这些痛苦和罪恶的道德缺陷时所产生的悲痛。

可以说所有的悲剧都是如此。悲剧中可怖的东西必须用艺术的力量去加以克制，使之改观，使它只剩下美和壮丽。悲剧表现的是理想化的生活，即放在人为的框架中的生活。它是现实生活中不可能找到现成的艺术作品。实际生活中的确有许多痛苦和灾难，它们或者是悲惨的，或者是可怕的，但却很少是最严格意义上的"悲剧"。它们没有"距离化"，没有通过艺术的媒介"过滤"；它们缺少伟大的悲剧中理想的人物和形式的美。因此，像许多论者那样以实际生活中所见的苦难为类比来讨论悲剧，完全是错误的。

第三章 —— 悲剧快感与恶意

一

我们定下了一般美学原理，并且指出了作为艺术品的悲剧和实际苦难之间的区别，现在我们可以动手来完成我们的主要任务，检验前人提出的某些最重要的悲剧快感理论。我们将从最简单的一种，即恶意说开始。

从常识观点看来，幸灾乐祸显然是心怀恶意的表现，从悲剧的表演中获得快感就是幸灾乐祸，所以结论是不言而喻的。如果我们自己受到妒忌和悔恨的煎熬，我们大概只会感到痛苦；但当这一切发生在奥瑟罗这个和我们毫无关系的黑皮肤的摩尔人身上时，却使我们残酷的本能得到满足，使我们因快乐而流泪。所以，巨大的灾难临到我们自己头上时，便成为悲痛的根源；但降临到别人头上却给我们最大的快感。

因此，悲剧的情感效果取决于观众对自己和悲剧主角的区别的意识。不过关于这样一种意识为什么能产生快感，却有种种不同的意见。

有人把悲剧快感的原因归结为安全感，卢克莱修说，"当风浪搏击的时候，从海岸上观看别人的痛楚是一种快乐"。不过他又说，这不是因为我们对别人的不幸感到快乐，而是因为我们庆幸自己逃脱了类似的灾难。[1] 桑塔亚那教授（Prof. Santayana）赞同这一观点。他写道："（在悲剧中）可以感到恶，但与此同时，无论它多么强大，却不能伤害到我们，这种感觉可以大大刺激我们自己完好无恙的意识。"[2] 人总是随时害怕痛苦，在我们这个到处充满邪恶与苦难的世界里，这也是自然的事情。人所能期望的最大幸福就是摆脱痛苦。悲剧之所以强烈地吸引我们，就是因为在表现各方面都比我们强的人所遭受的痛苦和灾难时，它大大突出了我们比他们好的命运。

从这种理论出发，很容易就形成悲剧唤起我们的优越感的观点。这两种论调的确很有关系，后者可以说是前者推论出的必然结果。我们感到命运对我们比对舞台上那些人物较好一些，我们是在更吉祥的命星下诞生的，因此我们比他们优越。悲剧确实描绘高出于一般人的人，悲剧的男女主角们往往在社会地位和精神力量上都比我们高。而正因为如此，他们才是值得我们在生活的道路上与之竞争的人物。我们并不喜欢在矮人国中充高个子。[3] 持这种观点的人常常指出悲剧和喜剧最终的相似，以此进一步证实自己的看法。按照霍布斯的说法，笑来源于"突然的荣耀"感。我们之所以发笑，是因为我们突然发现了可笑事物的某种弱点或缺陷，从而意识到自己的优越。如果接受这样一种理论，那么欣赏悲剧就好像欣赏喜剧一样，都是由于同一个原因。

这一切已经够新鲜了，但还有些论者对这个问题的看法更不合人情。按他们的说法，悲剧快感的原因与其说是安全感或自我优越感，毋宁说是我们从远古的祖先那里继承过来的对于流血和给别人痛苦这种野蛮人的渴望。埃尔肯拉特先生（M Herckenrath）相当直率地提出了这个问题：

---

[1] 卢克莱修：《物性论》，第二卷第一至二节。
[2] 桑塔亚那：《论美感》，第 236 页；参见爱迪生（Addison）：《旁观者》，第 418 期。
[3] 参见尼柯尔：《戏剧理论》，第 136 页。

我们从悲剧的演出中获得的快感难道不是首先显得像一种野蛮的快乐吗？我们贪婪地看着受难的场面，连眼睛都不眨一下。因此，这种快感和某些人在看屠宰动物或加入流血斗殴时感到的快乐，不都是同样性质的吗？

对这个问题，他作了肯定的回答：

> 的确，观看受难场面获得的快感，在我看来是由于战争而产生的人类残酷性情的结果，而战争对原始部落说来曾经是必要的，往往也是他们的习惯。自卫和报仇的必要产生了伤害别人的乐趣。……在绝大多数情况下，野蛮凶残的本能已经减弱了，不过在人们从流血场面、斗牛、斗狗、斗鸡、狩猎或讲述悲惨故事获得的快乐中，仍然可以找到这种本能的痕迹。①

埃尔肯拉特先生这些话曾被更知名的另一位法国学者法格先生引述，而恶意理论一般正是与法格的名字连在一起的。这位著名批评家以法国人特有的那种明白晓畅的文笔写道：

> 你们试图在别人的不幸中寻求一种快乐，而看到那些处于水深火热之中的人时，你们也找到了这种快乐。你们是残忍的。泰纳会对你们说，你们身上还有些野蛮的大猩猩的痕迹。你们知道，这就是说，人是稍稍有些变化的"野蛮的大猩猩"的后代。淫猥的大猩猩爱看的是喜剧；野蛮的大猩猩爱看的则是悲剧。②

---

① 埃尔肯拉特：《美学教程》，转引自法格（见下注）。
② 法格：《古代与近代戏剧》，1898年，第1-25页。

这种观点曾被许多学者一再重复。晚至一九三一年，尼柯尔教授还这样谈到悲剧的恶意快感：

> 这种因素在我们看悲剧时的快感中可能并不很多，但如果没有一点这种因素，我们大概也不可能忍心看完一部描写苦难的戏剧。……也许在戏剧的世界里，我们知道人物都是虚构的，于是我们可以像淘气的儿童喜欢看别在针尖上的蝴蝶无力挣扎那样，或者像野蛮人对被击败的敌人没有丝毫同情那样，从我们的确是最原始的感情中得到一种秘密的、人们没有公开承认的快感。

我们在上面简述过的所有这些观点纵然互有区别，但在根本上却是相同的。它们都可以归在恶意说这一共同范畴之下。因为当我们的同类在遭受极大痛苦时，我们却因为自己的安全和优越而欣喜，这不是恶意又是什么？亚历山大·倍恩根据斯图瓦特（D.Stewart）提出的看法，在《力量的情感》这个总标题下讨论了这些感情，并正确地指出力量的快感在很大程度上与恶意的快感恰恰相同。他写道："按照斯图瓦特的意见，力量似乎很可能是恶意快感的基础。然而事实也可以同样证明相反的命题恶意是力量的快乐的基础。"他又继续说："事实上，有了强大的力量，我们就无论有没有报复的借口，都可以得到看别人受苦的基本满足；同时我们又能避免自己成为那种恶意心情的牺牲品。"[①] 因此，安全感和自我优越感都是以人性中的恶意为基础的。

二

对于悲剧快感来源于恶意这一概念，我们可以说些什么呢？如果接受这种理论，那么悲剧这种最高的艺术形式就成了邪恶的人类的邪恶的娱乐，那

---

① 倍恩：《情感与意志》，1859 年，第 195 页。

些最杰出的悲剧诗人，埃斯库罗斯、莎士比亚、拉辛、席勒等等，就成了败坏人类的家伙。这样一个结论无论对道学家还是对悲剧爱好者说来，都是不能接受的。但是，仅仅因为一种理论违背我们的人类尊严感就厌弃它，就不是科学的态度。让我们首先来考察一下恶意说的主要根据。

也许有利于恶意说的最有力的论据，就是说人性中确实还残存着某种原始的野蛮残忍，某种本质上是自私和虐待狂性质的东西，由于这类东西的存在，人们对于敌人的失败感到兴高采烈，喜欢给人痛苦，甚至从朋友的遭难中得到一种邪恶的满足。要找证据并不难。儿童在很小的时候就靠折磨小昆虫和其他小动物来取乐。野蛮人部落常常用活人做献祭的牺牲，并把敌人的骨头作为战利品戴在身上做装饰。人类文明压制和改变这类低等本能的努力并没有取得多大成功。我们只需想一想罗马的角斗士表演、西班牙的异教裁判的火刑、各国形形色色的刑具、现代的群氓热衷于观看公开执行死刑、热衷于在报纸上阅读凶杀、离婚、船只遇难、火灾和其他轰动的新闻的情形，便可以明白这一点。划开表皮，我们在骨子里都是野蛮人。据纠文纳儿（Juvenal）说，暴君尼禄要是有哪一夜没有砍掉某人的头，就会痛悔到极点。不要说这类怪物和暴君是文明民族中的例外情形，难道不是有人记载，说斯宾诺莎在哲学思辨之余，喜欢捉苍蝇放在蜘蛛网上来取乐吗？

对人性的这些指责固然颇为雄辩，但却并没有说出全部真理。人性善恶的问题可以引起无穷无尽毫无结果的争论。英勇的自我牺牲、无量的慈悲和无限的仁爱的例子，至少和恐怖和残忍的例子一样多。霍布斯照出我们天性的一面，卢梭则展示它的另一面。也许这两种观点都同样是片面和夸大的。关于人类本性邪恶的思想至多不过是一个值得怀疑的假说，不可能被当作恶意说的一个证据。

但即使我们承认这一假说的合理，也不能像埃尔肯拉特先生那样得出结论，认为欣赏悲剧和看处决犯人或看斗鸡的乐趣同属一类。在前一章里我们已经看到，一方面有审美态度和实际态度的区别，另一方面又有作为艺术品的悲剧和实际苦难场面的区别。主张恶意说的人最大的错误就是混淆了这些区别。我们进入剧院时，用比喻的说法，我们的日常生活之线就被戏票剪断了，于是我们暂时生活在一个理想世界里，看戏时主要是把剧中情形看成迷人的形象。如果正确地鉴赏戏剧的话，我们就不会拿俄狄浦斯或哈姆雷特来衡量自己，更不会拿他们的命运来和自己的相比。它们是"距离化"了的，它们给我们的快感主要是审美的。它们如果在实际生活里发生，引起的就会是很不一样的感情。一个人的道德天性和他对悲剧的喜爱之间并没有必然联系。一个善良的人可以带着好奇的心情仔细观看伊阿古的阴谋，一个邪恶的人也可以出于审美的同情为无辜的苔丝狄蒙娜之死而哭泣。前者的好奇心并不证明他生性残忍，正如后者表现出的同情并不证明他生性仁慈一样。正像卢梭在《致达兰贝尔的信》中指出的，苏拉和菲里斯的暴君都是残酷有名的，然而他们在看悲剧演出时也会流泪。屠格涅夫也讲过一个关于一位莫斯科贵妇的故事，这位贵妇在坐马车时读一篇凄楚动人的小说，感动得泪流满面，而同时她的马车夫却真的被冻得要死。我们是否可以根据这些例子就说，悲剧快感基本上是利他主义的呢？不，这些例子不过证明，实际生活中的残酷与喜爱悲剧并无必然联系。也还没有任何统计数字表明，只有心地邪恶的人才喜欢看悲剧。恰恰相反，就我们所知，总的说来，去看《俄狄浦斯》或《费德尔》的，都多半是可尊敬的市民。

法格的理论主要以悲剧与喜剧的相似为根据。他批评圣-马克-吉拉丹（Sain-Marc-Giradin）认为悲剧快感来自"人对人的同情"这一观点，说这种观点不适当地忽略了戏剧的另一半。法格认为，喜剧显然诉诸我们天生的残忍。他把恶意中伤者、诽谤者和喜欢喜剧的人归入同一个伦理范畴。他们都是些恶人。法格对此深信不疑，因为他宣称他自己就是这种人当中的一个。接着，他问戏剧的另一半是否是建立在相反的感情的基础上，而他对此作出了明确否定的回答。在他看来，悲剧和喜剧的区别只是一个程度的区别。同样的题材既是喜剧性的，又是悲剧性的：只要表现的激情不产生严重后果，就是喜剧性的；当它们引出别的可怕事件时，就成为悲剧性的。如果喜剧是以人性中的恶意为基础，就没有理由认为悲剧不是这样。

　　法格先生过分依赖粗糙的常识。他的论点至少在两方面有缺陷。首先，喜剧满足我们的恶意这一假说既没有被普遍接受，也没有得到任何真凭实据的支持。这种观念其实早就有了大概最初是从柏拉图那里来的，后来经过霍布斯的阐述而引人注目。然而近代哲学家和心理学家们仍然各有各的看法。康德、叔本华、斯宾塞、柏格森和弗洛伊德都和霍布斯一样值得我们注意。我们能够做到的，是最好不要对这个问题作结论。大概正如萨利所说，喜剧和笑都不能用一种单一的理论来解释。因此，法格把自己的论点放在关于喜剧的无数种假说之一上，基础就是不稳固的。其次，悲剧和喜剧基本相似这一观念也许更成问题。在习惯上把它们通称为"戏剧"这一事实，并不能证明任何东西。要充分讨论这两种戏剧艺术形式之间的关系和区别，会远远超出我们目前要解决的任务的范围，我们现在只需指出这样一点：悲剧与喜剧的基本区别在于喜剧主要诉诸理智，而悲剧则打动感情。有一句古语说得不错，这世界对于思考者是喜剧，对于感觉者却是悲剧。柏格森在论笑的文章里把这个区别谈得很清楚，我们或许不用再详谈它了。①

　　此外还有对恶意说极为不利的一点。如果悲剧真是主要诉诸我们天性中的残忍，那么它的效果的好坏就会和它的恐怖程度直接成正比。悲剧表现的场面越可怕，它在观众中唤起的感情就会越强烈。这就意味着悲剧和可怕归根结底是同一个东西。但是，正如我们将在第五章里更充分说明的，悲剧的本质正在于它并不仅仅是可怕。为了把仅仅是可怕的东西变得具有真正的悲剧性，使我们看悲剧时不是感到沮丧，而是感到鼓舞和振奋，就需要某种东西。我们在上一章里讨论过的"距离化"因素就是这种变化力量。欣赏悲剧绝不是使低下的本能得到邪恶的满足，而是很有教育意义。有一位法国诗人说过：

　　　　只有平庸的心灵
　　　　才产生平庸的痛苦。

---

① 柏格森：《论笑》，1924 年，第 160-174 页。

这句格言对应的话也是同样正确的。只有崇高的心灵里才会有崇高的快乐。悲剧使我们接触到崇高和庄重的美，因此能唤起我们自己灵魂中崇高庄重的感情。它好像能打开我们的心灵，在那里点燃一星隐秘而神圣的火花。

正确欣赏悲剧需要一定程度的鉴赏力和审美修养。人人都可能感到看斗鸡或角斗士表演所特有的那种快乐，但却很少人能真正体会到悲剧所特有的那种快感。讲求实际的普通人由于缺乏想象和超然态度，常常被太可怕的情节所震惊，不能使自己的道德感和悲剧结局相适应。主张恶意说的埃尔肯拉特先生自己曾引述过下面这个有趣的例子："在荷属布拉邦特内地一个小村庄里，有一次上演一部流血悲剧。舞台上接连出现几起凶杀。默默看过了两三起之后，善良的村民们再也忍受不了了。他们成群地爬上舞台打断了演出，高喊着：'血流得够了！'这是一位目击者亲自告诉我的。"有时候，著名的文人们也会有这种感受。谈到《李尔王》时，约翰逊博士老实承认他无法忍受考狄利娅可怕的命运。他说："很多年以前，考狄利娅之死使我非常震惊，我不知道后来作为编者修订这个剧的最后几场之前，我是否耐心重读过它们。"[1] 布拉德雷教授也把《李尔王》比起莎士比亚其他悲剧名作不那么受欢迎的原因，归结为这个剧过分悲惨的结尾。[2] 因此总有一个限度，超出这个限度，悲剧中可怕的东西就不再能给人快感，反而可能引起厌恶了。坚持恶意说的人似乎忽略了这样的事实。

绝大多数观众绝不欣赏悲惨结尾本身。相反，他们往往真诚地希望悲剧主角有更好的命运。几乎每一篇中国的悲剧性故事都有"续篇"，里面又总是写善有善报，恶有恶报。大家知道，司各特的《艾凡赫》也被后人改编，让主人公与丽贝伽终成眷属。在这方面，《李尔王》的舞台演出史特别有趣。从1681年至1838年这一百五十多年中，舞台上演出的是伽立克（Garrick）

---

① 约翰逊：《莎士比亚〈李尔王〉序》，重印于尼柯尔编：《莎士比亚评论集》，1916年，第137页。

② 布拉德雷：《论莎士比亚悲剧》，1905年，第252页。

等人的改编本，在这个本子里考狄利娅与爱德伽成了婚，李尔也重登王位。这样就忠实地遵守了"真、善终将胜利"这个信条。这类做法虽然从艺术的观点看来并不可取，却无疑有一定的心理动机。人们好像普遍期望幸福结局。悲剧不仅给人快乐，也唤起惋惜和怜悯的感情。这种惋惜和怜悯的心情常常会非常强烈，以致威胁到悲剧的存在本身。人心中都有一种变悲剧为喜剧的自然欲望，而这样一种欲望无疑不是从任何天生的恶意和残忍产生出来的。

即使是喜欢看实际受苦的场面，正如我们将在第十一章里更充分说明的那样，也可以用这种场面刺激人的性质来更好地解释，而不能归因于人性中根深蒂固的邪恶本能。儿童喜欢听鬼怪故事，并不是因为这些故事激起他们的恐惧，而是为了好奇心的满足和一种主动的毛骨悚然的愉快感觉。人们热衷于看处决犯人、看角斗士表演和阅读不幸事故及犯罪新闻，也许是由于类似的原因。如果说悲剧快感和喜欢看实际的痛苦场面之间有任何相似之处的话，那就可能在于两者都能激起一种生命力的感觉，而不在于某种低下本能的满足。不过，这一点我们在后面再详谈。

第四章 —— 悲剧快感与同情

一

在科学讨论中有趣的是，同一个前提往往引出恰恰相反的结论。法格的理论就刚好有博克的理论与之相对。博克在《论崇高与美两种观念的根源》里，认为悲剧快感不是来自明白意识到舞台上演出的可怕情景的虚构性质。他反驳这种观点说，现实的痛苦和灾难更能吸引和打动我们。历史上马其顿的灭亡和故事中特洛伊的陷落一样动人。再举一个历史的例子，"希庇欧（Scipio）和卡图（Cato）都是德高望重的人物，但是其中一位的暴死以及他所献身的伟大事业的失败，却比另一位应得的成功和长久的幸运更深地打动我们；因为恐惧只要不是太近地威胁我们，就是一种产生快乐的激情，而怜悯由于是生自爱和社会情感，所以是一种伴随着快乐的激情。"

如果我们从别人的实际痛苦中得到的快乐可以这样解释，我们从悲剧的演出中获得的快感也大致相同。博克认为，唯一的区别只是悲剧模仿现实，并且除通常由真的灾难引起的快乐之外，还能产生来自艺术模仿效果的快感。但是，在唤起同情和吸引观者这方面，悲剧就远远不及我们的同类遭受的实际苦难。于是，博克以他那一贯的议员的辩才提出自己的理论：

> 选定一个上演最崇高而感人的悲剧的日子，安排最受欢迎的演
> 员，不惜一切代价准备好布景和道具，尽量把最好的诗、画和音乐
> 结合起来；当观众都已入场，一心期待着看戏的时候，再告诉他
> 们：在邻近的广场上立即就要处决一名国事犯；转瞬之间剧场会空
> 无一人，这就可以证明模仿艺术相对的软弱，宣告现实的同情的胜
> 利。①

因此，博克和法格都把自己的理论放在同一个前提的基础上，即我们的确在别人真正的痛苦和灾难中得到快乐；他们又得出同一个结论，即悲剧快感根本上与喜欢看实际受难场面相类似。但在悲剧快感的原因上，他们却分道扬镳了。对人性毫不恭维的法格带着一点颇具幽默感的法国批评家的恶意，得意地指着悲剧说："野蛮的大猩猩爱看的是悲剧！"博克却是个更有博爱之心的英国道德家，就反驳说："不，恰恰相反，在悲剧中揭示出来的正是人类高尚的精神。人在观看痛苦中获得快感，是因为他同情受苦的人。"

博克的同情说在圣－马克－吉拉丹的《戏剧文学论》中引起了共鸣。这位法国批评家写道："人对人的同情是模仿人性的各种艺术所引起的快感的原因。"他认为戏剧的情形尤其如此，因为在剧院里我们看到的不仅是人的外形，而且是人的内心活动。悲剧快感产生自苦难在我们心中唤起的怜悯。"并不是人喜欢别人受苦，而是他喜欢由此能够产生的怜悯；正像在剧院里，剧中人物所受的痛苦都不是真的，但观众却可以自在地从自己的情感中得到快乐。"②

"人喜欢他感到的怜悯"，但为什么呢？圣－马克－吉拉丹不愿费力去阐

① 博克：《论崇高与美两种观念的根源》，1756年，第14-15节。
② 圣－马克－吉拉丹：《戏剧文学论》，1874年，第一卷，第1-2页。

明自己的话。博克则提出一种生物学的解释。他认为人靠同情的纽带联系在一起，同情给人的快乐愈大，同情的纽带就愈加强。在最需要同情的地方，快感也最大；而在情境最悲惨时，也最需要同情。因为同情给人的如果不是快感而是痛感，我们就会躲避一切痛苦场面，不会给受害者任何救助。因此，悲剧快感是一种生物学意义上的需要：它有益于人类的健康。不过博克在这里作了一个细微的区别。他宣称说，"这不是一种纯然的快乐，而是混杂着不少担忧的成分。我们感到的快乐使我们不会躲避痛苦的场面；而我们的痛感又促使我们通过解除受难者的痛苦来宽慰我们自己；而这一切又都先于任何推论，完全通过无须我们赞同而支配我们行动的本能"。

博克的坦率的自相矛盾的说法可以归纳为两个命题：

一、我们对受难者的同情产生观看痛苦场面的快感。

二、观看痛苦场面的快感加深我们对受难者的同情。

我们一旦把这两个命题并列起来，其谬误立即就显而易见了。博克是在作循环论证。在第一个命题中，同情是因，快感是果；而在第二个命题中，因果的位置恰恰颠倒过来。在第一个命题中，他力求寻找悲剧快感的原因而发现这种原因就是同情；在第二个命题中，他力求寻找同情的原因而发现这种原因就是悲剧快感，然而他已经把同情说成是悲剧快感的原因。

博克对于悲剧快感中的混杂情感的解释，也有类似的逻辑上的漏洞。他的解释可以归结为这样一种荒谬的二难推理：

一、同情中的快感使我们不会躲避痛苦场面；

二、同情中的痛感促使我们减轻受难者的痛苦。

但是，也同样可以这样推论：

一、同情中的快感使我们不去减轻受难者的痛苦；

二、同情中的痛感促使我们躲避痛苦场面。

我们并不想玩逻辑游戏。以上这些话不过是想说明，博克的论证中有矛盾。

让我们进一步考察一下博克的同情理论的基础。

首先，我们从现实苦难中得到快乐只是片面的真理。在博克看来，情境愈悲惨，所需同情愈大，于是体验到的快感也愈强烈。但在事实上，悲剧情境可给人快感的能力是有限度的。超出那个限度，它给人的就不是快感，而是痛感。亲人之死会唤起和仇敌之死完全不同的感情，纵然在前一种情形下我们的同情要大得多。有一些人，尤其是妇女和儿童，完全不能忍受恐怖和痛苦的场面。他们常常因为受不住这种场面产生的痛感而逃开。还有一些人则只能从这种痛苦场面中得到很少一点快感。悲剧中的情形与现实生活中一样。约翰逊博士受不了阅读《李尔王》最后几场的痛感，就是一个著名的例子。

其次，现实苦难由于需要更大同情，所以比悲剧更有吸引力，这一论点甚至更可质疑。仅仅因为邻近广场上要处决一名国事犯，整座剧院便为之一空，这只是一个假定；而从假定出发进行推论，就只能得出假设的结论。对于像盎格鲁—撒克逊人这样政治倾向性特别强的民族说来，这一假定也可能是真的。但说全人类都是如此，便无异于是对人性中审美方面的亵渎。在中国历史上有一个非常有名的例子，后唐皇帝李存勖是颇有才气的诗人和戏剧爱好者，在敌人兵临城下，就要进攻他居住的京城时，他还在看戏取乐。从道德观点看来，这样的行为简直是犯罪，但以审美的眼光看来，却有一定道理。在审美快感达到极致的一刻，人们往往忘掉自己和身旁的世界，现实生活中的任何重大事件都不可能引他们离开自己愉悦的幻想。一旦哪位观众离开剧院去看处决犯人，悲剧的迷人魅力便已被破坏，他这时只是作为一个对国事并非不关心的普通公民，在寻求好奇心的满足。这两类经验是无法互相比较的，我们不能以一类的强去论证另一类的弱。这又是距离的问题。一些人比另一些人更有能力在悲剧情节和现实生活之间形成"距离"，于是出现各种类型的反应。也许在博克假设的那种情况下，一方面是吸引人的悲剧，另一方面是公开处决犯人，你会选择哪一面就要看在你身上是实际的人获胜，还是审美的人获胜；很可能有些人会继续留在剧院里，而另一些人会离开座位去看邻近广场上那更使他们激动的场面。我们并不认为，这后一部分人比前一部分人是人类中更优秀的分子。

最后，博克的生物学解释只是一种极不准确的臆测。在人们热衷于生物学的时代，任何问题都要寻求生物学的解释，正像在人们热衷于精神分析学的时代，弗洛伊德学说被当成打开一切问题的万能钥匙。这两种情形都有共同的危险：即过分依赖想象而忽略与之有矛盾的事实。如果同情使人不会躲避痛苦场面，那么它为什么就不能阻止人们故意给别人造成痛苦呢？我们记得，主张恶意说的人们也力图寻求生物学的支持。也许这两种观点都同样夸大过分。人既非文明化的大猩猩，亦非单纯的堕落天使，而可能是二者兼而有之。把关于人性的一方面的看法完全作为立论的根据，就必然使我们看不到另一面的真理。

二

因此，博克的同情说并不比法格的恶意说更有道理。然而"同情"这个词还有另一种意义。在近代美学中，它常常被用来指审美观照中的同情模仿，这个现象通常用一个德文词称为"Einfühlung"（移情）。

悲剧的确引起同情，不过不是博克所理解的同情。博克是在"同情"这个词的一般道德或伦理意义上来使用它。伦理意义上的同情和审美意义上的同情有什么区别呢？这个词的两种意义在一定程度上是吻合的，但超出那个程度，就应当仔细区别了。

大致说来，同情就是把我们自己与别的人或物等同起来，使我们也分有他们的感觉、情绪和感情。过去的经验使我们懂得，一定的情境往往引起一定的感觉、情绪或感情；当我们发现别的人或物处于那种特定情境时，我们就设身处地，在想象中把自己和他们或它们等同起来，体验到他们或它们正在体验、或我们设想他们或它们正在体验的感觉、情绪或感情。

在以上所说的范围之内，审美的同情与道德的同情是互相吻合的。但是，它们虽然在这个程度上一致，却在三个极重要方面有区别。

（1）道德同情比审美同情更是自觉意识到的，因而主客的同一在前者就不如在后者那样完全。道德同情通常是以主体和客体的关系来表述的，譬如说："我同情你。"主体清楚地意识到他自己和他同情的客体有差异。但在审美同情中，主体分有客体的生命活动而不自知。自我与非我之间的界限（借用哲学家们的行话来说）完全消除，感觉、情绪和感情在主体和客体之间来回往返，成为互相交换的潮流，最终融会为一道和谐之流。

（2）道德同情永远脱离不开主体的整个精神气质、过去的经验和目前的状况。因此它总是伴随着希望和担忧、得失利害的算计、目的和手段的探究以及其他种种实际考虑。道德同情的主体是一个并未停止做利己主义者的利他主义者。然而审美同情却是完全超功利的活动，用叔本华的话来说，主体在这种活动中"迷失在对象之中，即甚至忘记自己的个性、意志，而仅仅作为纯粹的主体继续存在"。[①] 形成这种同情的内容的感觉、情绪和感情都脱离了生活史的背景，因此，生活史的不同并不会打断同情之流，也不会妨碍两个完全不同的个性互相融为一体。狄德罗说过"走进大剧院门口的公民就在那儿留下自己的全部缺点，只在走出来的时候再把它们带走。"[②]

（3）道德同情通常引出一些实际结果。如果我们同情议会大选中一位获胜的候选人，我们就会与他握手，或在报刊上写文章支持他的政策。如果我们同情穷人，就会努力筹集一笔救济基金，改善他们的生活状况。对于道德家说来，没有行动的同情只是伪善者嘴里的空话。但审美同情几乎就正是这样。审美同情中的主体当然也和道德同情中一样活动，但在两种情形下活动的本质却不相同。道德同情的活动是实际的反应，是针对客体的；而审美同情的活动却主要是谷鲁斯所谓"内模仿"，是与客体的活动平行的。同情模仿并不会引出任何实际结果。

在悲剧的欣赏中起重大作用的，是审美意义上而非伦理或道德意义上的同情。让我们用一个简单例子来说明这个区别。假定我们在看《奥瑟罗》的

---

① 叔本华：《作为意志与表象的世界》，第三卷第三四节。
② 狄德罗：《论演员的矛盾》；载《选集》，拉露斯版，第144页。

演出。我们可以在道义上同情主人公，努力帮助他摆脱不幸。这并不难，因为作为观众，我们知道很多奥瑟罗不可能知道的事情；要是他也知道这些事情，就决不会落入陷阱了。例如，我们知道伊阿古是坏人，苔丝狄蒙娜是一位贤淑的妇女。当伊阿古告诉奥瑟罗，说苔丝狄蒙娜把手帕给了凯西奥作爱情的信物时，我们完全清楚他在撒谎，在他和奥瑟罗说话的那一刻，那张手帕就在他的衣袋里。在现实生活中，我们可以通过把全部实情透露给奥瑟罗来表现我们的道德同情。这一道德举动当然会救了无辜的苔丝狄蒙娜的命，在伊阿古的邪恶还没有来得及害人的时候，就把它揭露无余。但是，这举动也会毁了悲剧。另一方面，我们也可以审美地同情奥瑟罗，在想象中把自己和他等同起来，和他一起因为胜利而意气昂扬，因为恋爱成功而欣喜，和他一起听信伊阿古的谗言，遭受妒忌与愤怒的折磨，最后又充满绝望与痛悔，和他一起"在一吻之中"死去。我们自动追随着戏剧情节的展开，对全剧的动机和趋势没有任何抵触。我们并不会为罗密欧传递朱丽叶的信息，也不会告诉伊菲革涅亚她父亲派人叫她去的真实意图，好让她避免致命的打击。

正像我们在第二章里说过的那样，欣赏悲剧需要适当的距离调节。道德同情常常消除距离，从而破坏悲剧效果。下面是朗费尔德教授（Prof. Langfeld）在《审美态度》一书中举的一个例子：

> 一位名演员很喜欢讲述他在演《中间人》一剧时发生的一件趣事。他演一位穷发明家，已经到了山穷水尽的地步，买不起足够的燃料来维持烧制陶器的炉火。再过几刻，他的命运就会决定了。顶层楼座上这时有一位观众不禁大为感动，突然扔下五角钱来，一面大喊："喂，朋友，拿去买一点劈柴吧。"[1]

---

[1] 朗费尔德：《审美态度》，1928年，第三章。

有一次，一位中国演员也遇到类似的事件，但在这次事件里，观众表现出来的道德同情却要了他的命。他扮演一个因伪善和阴谋而恶名昭著的奸臣（曹操）。他演得太好了，剧中情景非常逼真。就在他打算要出卖皇上的时候，观众中一位忠厚的木匠义愤填膺，操起斧子跳上舞台，一斧头就砍死了那个奸贼！

尼柯尔教授曾引述过一个故事，是说有位好心的太太曾大声警告哈姆雷特，要他提防毒剑。也许每个喜欢看戏的人都可以从自己的个人经验中回想起许多类似的例子。这些头脑简单的人无疑都是好心，但以这样一种天真的方式表露自己的道德同情时，就不再是把悲剧作为艺术品来欣赏了。

我们现在可以更清楚地看到，为什么博克的同情说不能令人满意。他所谈的只是道德的同情。要是给扮演穷发明家的演员扔钱去买木柴的那位美国观众，或者在舞台上杀死奸臣的那位中国木匠，都来做悲剧的权威裁判，博克的理论就会是正确的。然而很可惜，在这种人天真的情感面前，悲剧的缪斯永远不会揭开她的面纱！

话虽如此，完全抛开道德同情却又是轻率的。有时道德同情是审美同情的条件。有些人除非对悲剧人物产生道德同情，否则便不能对他们寄予审美同情。一位美国妇女在评论一部现代戏《圆圈》时，对剧中人物的毫无教养很反感。她说："我去看戏就好像去拜访人一样，我绝不喜欢遇见在现实生活中我会拒绝去拜访的那种人。"[1]她的鉴赏趣味也许不符合美学家们的要求，但是剧作家却不应该忽视这一事实。观众的道德感至少不能受干扰，否则"心理距离"就会丧失，道德的义愤就会把审美同情抹杀得干干净净。然而，当我们谈到正义的问题时，我们还将回到这一点上来。

三

在前面一节里，我们较为抽象地描述了审美同情，也许不完全符合具体

---

[1] 唐妮：《创造性的想象》，1929年，第181页。

经验。如果把我们对审美同情的描述给在剧院里看悲剧的观众们传阅，他们会怎么说呢？大概只有一小部分人完全同意我们的描述；另一些人会说，审美同情在他们只是在剧演到某些最关键的时刻才会产生；还有另一些人则会承认，他们从来就不把自己与剧中人等同起来。由于戏剧艺术的性质，由于观众对剧本的生疏或熟悉程度，还由于观众各人的不同，这个问题变得更复杂。

戏剧艺术尽管用真人为媒介，栩栩如生，在获得审美同情方面却有些不利条件。一个人物演不成戏，戏剧情节的产生总是有几个人物遇在一起且构成各种关系。于是便出现这样的问题：在审美同情中，观众把自己和哪个人物等同起来呢？有人把自己和悲剧主人公等同起来，完全以悲剧主人公的眼光去看待剧中别的人物。例如，在《哈姆雷特》一剧中，他们主要把自己和哈姆雷特等同起来。他们和哈姆雷特一样哀悼先王的死，抱怨王后匆匆再嫁，对霍拉旭十分友爱，蔑视波乐纽斯，爱恋继而怀疑莪菲莉雅，又和莱阿替斯比剑。也许正是为了便利审美同情的产生，悲剧才要有一个主要角色；也是为了这同一个原因，论《诗学》的学者们才如此强调情节或兴趣的统一。在现实生活中，各种事件总是千丝万缕地互相交织在一起，一般不会以某一个人为中心，更不会表现出任何兴趣的统一。悲剧斩断纠结的乱丝，把人物和情节孤立出来。由于这种兴趣的集中，观众才有可能把自己与主要角色等同起来。

但虽有这种集中，几个人物同时出现有时却会分散注意力。这种情形或者完全破坏了观众与剧中人物的等同，或者使他接二连三地设想自己成为不同性格的人物，以致无法把悲剧作为艺术品来欣赏。缪勒·弗莱因斐尔斯引证了一个例子来说明这种性格变换：

"我完全忘记自己是在剧院里。我忘了自己的存在。我只感到剧中人物的感情。我一会儿和奥瑟罗一起咆哮，一会儿又和苔丝狄蒙娜一起颤抖。有时我也介入剧中去救他们。我从一种思想状态迅速变到另一种思想状态，尤其在看近代戏剧时，简直不能控制自己。就这样，在有一次看完《李尔王》

时，我意识到自己在结尾时由于害怕而靠在一位朋友的手臂上。"① 唐妮小姐（Miss Downey）也引证过另一个实例，说有一位读者"过许许多多种不同的生活，随人物的悲欢或哭或笑"。② 有时候，剧作家和小说家们自己也会失去个性，变成他们所描绘的人物。福楼拜在谈到写《包法利夫人》的经历时，写信给朋友说：

> 写书时把自己完全忘却，创造什么人物就过什么人物的生活，真是一件快事。比如我今天就同时是丈夫和妻子，是情人和他的情妇，我骑马在一个树林里漫游，当着秋天的薄暮，满林都是黄叶。③

就观众而言，像这样把自己和所有的角色都等同起来是否符合正确欣赏悲剧的要求，却很值得怀疑，因为观众把自己与一个接一个的剧中人等同起来时，就完全贯注于实际体会戏剧情感，而看不到剧的艺术的一面，看不到它的全貌、对照、比例、节奏、和谐等等，一句话，看不到它的美。

其次，对悲剧生疏还是熟悉也会影响审美同情的强烈程度。如果观众事先不知道这个剧，是第一次来看演出，剧中场景自然更能使他激动，他的注意力也更容易集中在舞台形象上；于是审美同情也更容易产生。但随着对剧本的熟悉，激情逐渐减退，无数次看过或读过《哈姆雷特》的人，就不可能每看一次或每读一次都把自己与悲剧主角等同起来，像原来那样强烈地体验到悲剧主角的激烈感情。但是他仍然喜欢这个剧，甚至越熟悉越能欣赏它。可以说越是熟悉，戏剧情节就逐渐丧失那种实际经验的刺激性，变得越来越理想化。内容沉没下去，形式浮现出来。感情的激动让位于心智的沉思。观众不再被戏剧激情"摆布"而失去自制，却开始以一种超凡脱俗的超然态度

---

① 弗莱因斐尔斯：《艺术心理学》，1922 年，第一卷，第 66 页。
② 唐妮：《创造性的想象》，1929 年，第 181 页。
③ 福楼拜：《书信集，1850 至 1854 年》，第二卷，第 358-359 页。

把戏剧作为艺术品来欣赏。只有在这时候，才可以说他看到了戏剧的美。这个事实很值得注意，因为它使我们能够看出，把"移情"或"等同"看得几乎就等于全部审美经验的近代德国美学，为什么是片面和抽象的。它也使我们能够看出，把激情捧上了天的浪漫主义艺术理想，为什么与古典的理想比较起来终不免幼稚和肤浅。古典理想的美总是处于平和、清明的境界，而且总是造形的美。

最后，对于像悲剧这样的审美对象，人们的反应并不总是那么明确干脆，不同的个人有千差万别的细微变化。大致说来，可以把人分成具有无数中间差异的两种心理类型，在一个极端是主观类型，在另一个极端是客观类型。这两者之间的差别正同于尼采所谓酒神精神与日神精神、荣格所谓内倾与外倾、缪勒·弗莱因斐尔斯所谓"分享者"（Mitspieler）与"旁观者"（Zuschauer）之间的差别。以上关于审美同情所说的话主要是"分享者"类型的情形。另一方面，属于"旁观者"类型的人们却能在激情之中保持自己的个性，把情节和感情的演进视若图画。他们明白舞台上演的是什么，也很欣赏，但是他们却不会忘掉自己，不会在生动的构想中进入剧中人物的生命活动。下面是缪勒·弗莱因斐尔斯所举这种类型的一个例子：

> 我坐在台前就像是坐在一幅画前。我一直都清楚这并不是真的。我一刻也没有忘记，我是坐在靠近乐队的前排座位上。我当然也感到了剧中人的悲欢，但这不过为我自己的审美感情提供素材而已。我所感到的不是表演出来的那些感情，而是在那之外。我的判断力一直是处于清晰而且活跃的状态。我一直意识到自己的感情。我从未失去自制，而一旦发生这种情形，我就觉得很不愉快。在我们忘记"什么"而仅仅对"怎样"感兴趣的时候，艺术才会开始。[1]

---

[1] 弗莱因斐尔斯：《艺术心理学》，第一卷，第 67 页。

在这种类型的观众身上，心智的成分显然占据主导地位，审美同情只偶尔出现。当然，以上描述的分享者和旁观者这两种类型代表着两个极端。他们当中没有哪一种可以取得理想的审美经验。正如我们已经说过的，完全参加进去会妨碍观众在适当的距离看到悲剧的美。另一方面，完全超然的旁观又近于纯批评态度，往往无法取得任何情感经验。理想的审美经验既需要分享，又需要旁观。通过分享，我们才能理解艺术品中表现的情感；通过旁观，我们才能看出这些情感是否得到了美的表现。中国的大哲学家老子说过："故常无欲以观其妙；常有欲以观其徼。"理想的观众应当两者兼备：他分享审美对象的生活，却又不会完全失去自我意识。

四

我们以上所谈只注意到了观众。当我们转向演员时，也可以见出分享者和旁观者那种差别。有的演员一进化妆室就放弃了自己的个性，在戏剧表演上和在心理上都变成他们扮演的角色。他们完全沉浸在戏剧情境里，不是装扮而是亲身体验剧中人物的感情。他们在舞台上完全像在现实世界中那样活动。格塞尔（Gsell）关于葛米埃（Gémìer）写道："他完全把自己与他扮演的角色等同起来，以至于甚至幕落之后也仍然处于那种状态。要等过了一会之后，他才清醒过来，恢复常态，重新踏进普通的人生。"[1]莎拉·邦娜也写道："一般说来，演员可以抛弃人生中的忧虑和烦恼，在几个小时当中脱去自己的个性，获得另一种个性；他忘掉一切，幻想自己另有一种生活。"她讲到自己在伦敦演出《费德尔》时的经验，说"我痛苦，我流泪，我哀求，我呼喊；而这一切都是真的；我的痛苦是可怕的；我不停地流下发烫的、辛酸的眼泪。"[2]拉·玛丽白兰是另一个典型例子。她很少钻研角色，而主要依靠一时的灵感。她曾常常对在《奥赛罗》中与自己合作的演员说："在最后一

---

[1] 格塞尔:《论戏剧》,第29页。
[2] 莎拉·邦娜:《回忆录》,第二卷,第106页。

场你随便怎么抓住我都行，因为到那个时候我控制不了自己的动作。"[1]演员在一开始往往是头脑清醒的，但在剧情接近高潮时，他就逐渐被戏剧情感所控制而失去自制力。安托万在演易卜生的《群鬼》一剧时的经验就是这样："到第二幕开始的时候，我就忘记了一切，忘记了观众，也忘记了表演效果，幕落之后，我发现自己全身发抖，软弱无力，有好一阵不能恢复平静。"[2]

我们可以设想，这些艺术家们完全符合在前一节中描述的审美同情或等同的情形。但是也有一些人属于"旁观者"类型。他们对着镜子钻研角色，姿态和面部表情的每一点变化、口音和语调的每一点顿挫起伏，都事先在心目中形成一个形象仔细固定下来。他们上台之后，就只是照搬那个记忆中的形象。尽管他们把剧中人物的感情装扮得栩栩如生，给观众造成一个逼真的幻象，他们自己却一直知道自己在做些什么。中国的名演员一般都是这样。一旦一位名角创造出这个角色，那就会成为传统，代代相传，包括从对剧本的解释到各种细节，如抚髯的姿势、某一个字吐音时的长度和高度等等。在欧洲的名演员中，大卫·伽立克就是这种类型的一个经典例子。我们从他的传记中知道，他在排演《理查三世》时嘱咐扮演安夫人的希顿斯，要她在他把安夫人从卧榻上拖起来时步步紧跟着，好让他能一直面对观众，因为他很喜欢用眼睛做戏。在演出时，伽立克把理查的表情装扮得好极了，以致他脸上的表情吓住了和自己合作的那位女演员，在装扮出一副凶相时，他发现她竟吓慌了，忘记他嘱咐过她的话，便用责备的目光瞥了一眼来提醒她。[3]没有比这更好的例证能说明演员要保持头脑清醒的了。狄德罗曾讲过一个关于卡约（Caillot）的有趣的故事，也能说明大表演艺术家的超然态度：

卡约刚刚扮演了逃亡者的角色，他刚刚经历了惶恐不安，而她

---

① 勒古维（Legouvé）：《六十年的回忆》，第一卷，第243及以下各页。
② 德·拉克罕瓦：《文艺心理学》第一章所引的莎拉和安托万两位当时法国名演员的两部回忆录。
③ 费兹杰拉德：《大卫·伽立克传》，1868年，第二卷，第54页。

则在旁边分担了他所扮演这个就要失去情人与生命的不幸者的惶恐
不安。卡约这时走向伽里钦郡主的包厢，露出你们大家都很熟悉的
那副笑容，愉快、诚恳而且彬彬有礼地和她交谈。郡王颇为惊讶地
对他说："怎么，您不是死了吗？我不过是目睹了您刚才那番苦恼，
到现在还没有从那苦恼中摆脱出来呢。""不，夫人，我并没有死。
要是我这么动不动就死去，那就太可怜了。""那么您完全没有动情
吗？""请夫人原谅。……"①

在这里，我们看到的是一位"分享者"类型的观众和一位"旁观者"类
型的演员。

狄德罗的著名理论引起了很大争论。据他看来，理想的演员应当摆脱一
切情感，在演出过程中注意自己，倾听自己的声音。"我认为他应当有很好
的判断力。这个人在我看来应当是一个冷静的旁观者。因此，我要求演员要
看透，丝毫不要动感情。"他用拉·克勒雍的实例来支持自己的观点。"她一
旦表演起来，就完全控制住自己，不动感情地朗诵台词。"这种不动情的理
论由于是一个自己承认常常被感情摆布的人狄德罗提出来的，所以特别发人
深省。

然而，也有一些著名演员对狄德罗的理论提出过质疑。曾担任过莫斯
科国立和皇家剧院经理及艺术指导的西奥多·柯米沙耶夫斯基（Theodore
Komisarjevsky），就抱着截然不同的看法。他写道："现在已经证明，演员要
是注意自己的表演，他就不可能打动观众，在舞台上也不可能有一点创造
性。他不是专心致志于他应当去创造的形象，不是去注意自己的内心生活，
而把注意力集中在自己的外在表现上，那就变得很不自然，而且丧失了想象
力。更好的办法应当是仅仅在想象力的帮助下去表现，去创造而不是模仿或
复演自己的生活经验。扮演某个角色的演员如果是生活在自己幻想出来的一

---

① 狄德罗：《论演员的矛盾》，见上书，第153页。

个形象的世界里，他就不可能也不必去注意和控制自己。在表演过程当中，由演员的幻想创造出来而且听从和使唤的形象，就会控制和指引他的感情和行动。"[1]

在我们看来，狄德罗和柯米沙耶夫斯基都是走极端，而真理似乎介乎他们二者之间。我们关于观众说过的话也适用于演员。一方面，演员不应过深地进入戏剧情绪，以致丧失了自制能力。艺术的创造过程，包括表演艺术的创造过程，需要清醒的头脑的明确的判断能力，以求达到和谐和节制有度。艺术家必须是自己作品的批评家，而自我批评意味着自觉的意识。柯米沙耶夫斯基谈到"创造一个形象的世界"，可是不把感情形象化，不从一个适当的距离外像观画那样去观看这些感情，又怎么可能创造这样一个世界呢？另一方面，艺术也不是单纯的重复。每一个创造的行动都要求新的推动力量，都反映出新的精神状态，否则就会缺乏生气，变得呆板迟钝。中国传统戏曲的表演就很符合狄德罗的理想，但却往往过于程式化，根本不能引起情感的反应。当狄德罗说，一旦把角色钻研好并固定下来之后，演员每次表演就只需"照抄"自己，他这话实在是把一个不可否认的真理过分夸大了。

一个理想的演员应该体验到戏剧情感，却不必像在现实生活当中那样当真，应该做出完全投身在戏剧情境中的样子，却又不要失去自制能力。简言之，与角色的等同应当同时伴随着清醒的判断。整个说来，比起主张"演员不可能也不必去注意和控制自己"那种持相反意见的理论，狄德罗的理论更接近真理。从哈姆雷特给演员们的一番忠告看起来，我们可以想象莎士比亚也是主张我们在这里讲的这样一条中庸之道。他对"分享者"型的演员似乎特别反感：

也不要老是用你的手在空中使劲挥动，一切动作都要斯文点儿，因为就是在感情激烈得像洪水、风暴，像旋风的时候，你也必

---

[1]《大英百科全书》，第一四版，《表演》（Acting）条。

须有一种节制，做得恰到好处。啊，我最痛恨听见一个满头披着假发的家伙乱跳乱嚷，扯着嗓子把感情撕成一块块碎片，吼得那些爱热闹的低级看客耳朵都快裂开了，他们当中多半只爱看一些莫名其妙的哑剧，瞎起哄。我宁可把这种家伙抓起来抽一顿鞭子，因为这种演法把妥玛刚特演得太过火，比凶暴的希律更像希律，你可千万要避免。①

现代一些表演艺术家的实践也能支持我们的看法。正如欧仁·德拉库瓦在他的《日记》中记载的那样，伽尔西娅（Garcia）和塔尔玛都坚持把自我控制和一时的灵感结合起来取得效果。"他说，尽管做出完全沉浸其中的样子，他在舞台上完全支配着自己的灵感和自我判断；不过他又补充说，这时候要是有人来告诉他，说他家里失火了的话，他却也不能立即从戏剧情境中摆脱出来。"②

五

我们现在可以把本章的内容作一个总结，恶意说引导我们考察了博克所持的与之对立的看法，即悲剧快感来源于同情。我们发现博克的理论在逻辑推理上有错误，而且它把悲剧快感和观看真实的受难场面的快乐混为一谈。这又使我们详细考察了道德同情和审美同情这两者之间的区别。我们发现这种区别在于意识程度、与实际利益的关系以及它们各自的活动的性质等方面不一样。我们欣赏悲剧时常常体验到的是审美同情，不是道德同情。道德同情由于与悲剧行动的动机和趋势相抵触，往往不利于悲剧的欣赏。而后我们又继续研究，审美同情在看悲剧时起多大的作用，结果发现它并不是始终存在的。这个问题由于好几个因素而变得复杂化了。首先，一部悲剧中好几个

---

① 莎士比亚：《哈姆雷特》，第三幕，第二场。
② 欧仁·德拉库瓦：《日记，1893 至 1895 年》，第一卷，第 247 页。

角色的出现往往使观众不可能同时把自己与许多角色等同起来，或者使这种等同与审美判断不协调。其次，对作品熟悉之后，情感的激动常常让位于超然的心智的观赏。最后，观众有不同类型，属于纯"旁观者"类型的观众一般都不会体验到任何强烈的审美同情。"分享者"和"旁观者"这两种类型的区别不仅观众如此，而且也适用于演员。狄德罗的著名理论，即演员在以逼真的表演激发戏剧感情的同时，应当保持清醒的头脑，总的说来是正确的，不过有点夸大。好的表演以及正确的鉴赏，都要求既有感情又有判断，既要把自己摆进去，又要能超然地观照。我们看到这种观点可以得到莎士比亚以及现代一些表演艺术家的支持。

再回到悲剧快感的问题上来。虽然审美同情可以大大有助于观看悲剧的快乐，但它却不可能是悲剧快感的唯一因素，甚至也不是它的主要因素。纯"旁观者"类型的观众很少体验到审美同情，然而他们却照样能以自己的方式欣赏悲剧。

第五章 ——— 怜悯和恐惧：
　　　　　　 悲剧与崇高感

一

　　悲剧快感是同情的结果这种理论，可以说是来自悲剧激发怜悯这一古代的学说，因为怜悯不过是痛感中的同情，是特别由悲剧情境唤起的一种同情。因此，讨论同情自然就把我们引向亚理斯多德在《诗学》中提出的悲剧中怜悯与恐惧的问题。亚理斯多德是联系他的著名的净化理论来讨论这个问题的。在这里，我们为了方便的缘故只谈怜悯和恐惧，净化的问题将分别用一章来讨论。

　　被佛教和基督教都赞为一大美德的怜悯，历来又受到"强硬派"哲学家们的攻击。在这些哲学家看来，怜悯是恶而不是善，是灵魂的缺陷，应该由理性加以清除。最先发起攻击的是柏拉图，他不喜欢悲剧的原因正在于悲剧激起怜悯，一种应当压制而不应当培养的毫无价值的感情。悲剧诗人们应受谴责，因为他们以快感为诱饵，利用人性中低劣的部分，却牺牲了理性。苏格拉底对格罗康说："我们亲临灾祸时，心中有一种自然倾向，要尽量哭一场，哀诉一番，可是理智把这种自然倾向镇压下去了。诗人要想餍足的正是这种自然倾向。"观众听见悲剧人物哀诉痛苦，便对他产生同情，并赞扬悲剧诗人。他以为自己这样得到的快乐是一种收获，殊不知见别人的痛苦而落泪者，将因自己的痛苦而哭泣。这不是堂堂男子汉的气概，还不用说它会妨碍理智发挥作用，而理智才是减轻这些痛苦所最需要的东西。悲剧在激起怜悯的当中，对观众便产生一种使人颓丧的恶劣影响。所以柏拉图以他那独特的讥诮口气把悲剧诗人恭维一番之后，就把他们逐出了他的理想国。①

亚理斯多德在《诗学》中正是针对柏拉图这种过分严厉的道德主张去展开论证的。他为悲剧辩护说，悲剧正是"借激起怜悯和恐惧来达到这些情绪的净化"。②他在这里提出的怜悯和恐惧的问题在历史上一直未得到圆满解决，使欧洲人的智力显得似乎不是那么高度发达。"怜悯和恐惧"这短短两个词一直成为学术的竞技场，许许多多著名学者都要在这里来试一试自己的技巧和本领，然而却历来只是一片混乱。有人认为怜悯和恐惧是互相独立的感情，其中任何一种都可以单独产生悲剧效果（高乃依）；又有一些人强调两者的根本联系，认为恐惧是怜悯的一个组成部分（莱辛），所以悲剧在激起怜悯的当中，也就激起了恐惧。有人相信怜悯的感情是为悲剧主人公而产生的，恐惧则是为我们自己（莱辛），又有人认为两者都是为悲剧主人公，跟我们自己毫无关系（巴依瓦脱）。有人把怜悯看得比恐惧更重要（叔本华、巴依瓦脱），又有人认为悲剧英雄超出于我们之上，无须我们怜悯，悲剧激起的只是恐惧（尼柯尔）。有人把悲剧的怜悯和恐惧与现实生活中的怜悯和恐惧等同起来（高乃依、莱辛），又有人认为它们在本质上完全不同（巴依瓦脱、布乔尔）。其他还有许多地方也同样有争论。③

这个问题再要讨论下去，似乎只会加剧混乱的局面。在此也许有必要说

---

① 柏拉图：《理想国》，第十卷，见乔威特（Jewett）英译本，1892年，第318-322页。

② 亚理斯多德：《诗学》，第六章，见布乔尔（Butcher）英译本，第23页。

③ 关于悲剧中怜悯与恐惧的讨论，可参见下列著作：（1）高乃依：《论悲剧》；（2）莱辛：《汉堡剧评》，1867至1868年，第四八篇；（3）埃格（E.Egger）：《希腊批评家历史》，1886年，第296页；（4）布乔尔：《亚理斯多德论诗与艺术》，第240-273页；（5）巴依瓦脱（Bywater）：《亚理斯多德〈诗学〉评注》，1909年，第210-213页。

明一下何以要搬出这个老问题来。过去的论者大多数都想在语文学的基础上来解决这个永远不可能仅仅在语文学基础上得到圆满解决的问题。悲剧中的怜悯和恐惧问题决不只是一个研究希腊文可以解决的问题，而更多的是一个涉及心理学和美学的问题。过去的论者所关注的是亚理斯多德的用意究竟是指这个，还是指那个，而真正的问题却在于这种或那种解释是否符合我们的实际经验。我们在本章要加以研究的正是这样一个问题。

二

亚理斯多德的悲剧定义是对柏拉图在《理想国》卷十中对悲剧诗人的控诉所作的回答，这一点已经被大家所公认。不过有一点值得注意，柏拉图的攻击当中只强调了怜悯，[①]那么，亚理斯多德在为悲剧辩解时，为什么要在怜悯之外加上恐惧呢？这个问题初看起来似乎无足轻重，所以一直未引起过去论者们的注意。但是，正像我们在后面将要表明的，为什么为了产生悲剧效果就要在怜悯之外加上恐惧，弄明白这个问题的确至关重要。

让我们首先分析怜悯这种感情，看看只要怜悯是否足以产生悲剧效果。

莱辛和另外几位德国论者把确切指"怜悯"的希腊文的"Eλέos"，用一个既可以特指"怜悯"，又可以泛指"同情"的德文字"Mitleiden"去翻译。怜悯却不能与最广义上的同情等同起来。同情是具有和别人一样的一般的感觉、情绪或感情，无论是愉快的还是痛苦的；怜悯则是专指具有和别人同样的痛苦的感觉、情绪或感情。我们与同游的伙伴一起欢笑或与成功当选的候选人握手道贺时，用"怜悯"这个词就不通。

此外，怜悯是由别人的痛苦的感觉、情绪或感情唤起的，但却不应当和在想象中分担的这些感觉、情绪或感情等同起来，例如我们怜悯一个处于恐惧之中的人时，的确也在想象中分担他的恐惧，但除恐惧之外，必定还有另一种或几种因素构成怜悯的感情。怜悯绝不会与在假想的情境中感到的恐

---

① 柏拉图：《理想国》，第十卷，尤其见第 605—606 节。

惧共同存在。同样，我们怜悯处于愤怒、妒忌、仇恨、后悔等情绪当中的别人，我们在一定程度上与他们分有这类情绪，但在所有这类情形中，构成怜悯的必定还有其他一些精神因素，而且这些因素在不同场合下总是存在的。因此，莱辛认为亚理斯多德"所理解的'怜悯'这个词是指我们与别人共有的种种情绪"，显然是错误的。

那么，构成怜悯这种感情的，究竟有些什么成分呢？首先，怜悯当中有主体对于怜悯对象的爱或同情的成分。我们决不会怜悯我们所恨的人。主体可能意识到自己对于对象的爱或同情，也可能意识不到，但这种成分作为潜在的推动力量却总是存在的，只是强烈的程度可以不同。怜悯的这一成分在感情基调上总是悦人的。其次，怜悯还有一个基本成分是惋惜的感觉。值得怜悯的对象不是处于苦难之中，就是表露出某种弱点或者缺陷，显得脆弱、娇嫩而且无依无靠。我们总觉得有什么地方不对头，并且有意无意地希望事情是另一种样子。怜悯的这个成分在感情基调上混合的，主要是一种痛感。但由于值得怜悯的对象在某一方面比我们弱，所以往往带有通常伴随着安全感和自我优越感而产生的一点点快乐。不管共同分享的感情是恐惧、愤怒、仇恨、后悔还是别的什么，这两种成分爱和惋惜在怜悯中都总是存在的。

应当注意，在对怜悯的分析当中，我们没有把恐惧算成是它的基本成分之一。不过这并不是莱辛那种观点。莱辛认为，我们为别人感到怜悯的，便为自己感到恐惧。"没有为自己的恐惧就不可能有怜悯的感情，……恐惧是构成怜悯的必要成分。"他的一位追随者多林（Döring）甚至走得更远，视怜悯为"改头换面的恐惧"。[①]在我们看来，这样一种观点显然缺乏心理的眼光。

在现实生活中，怜悯有时可能伴随着恐惧，要是一位母亲唯一的爱子得了重病，随时都可能死去，这位母亲在看护孩子时的心情就是如此。我们怜悯她，也感到她的恐惧，但那恐惧是为病孩子的生命担心的一种同情的忧虑，而不是由于想到自己可能落入类似的惨境而为自己感到的实际的恐惧。

① 转引自巴依瓦脱：《亚理斯多德〈诗学〉评注》，第212页。

我们尽管完全清楚自己不可能遭逢到类似别人那种不幸的命运，却仍然可以怜悯别人。一个孤儿比别的任何人都更能怜悯另一个失去了父母的孩子，因为他自己的不幸经历教会他能充分理解那种值得怜悯的情境。难道我们可以说，他的怜悯也必然包含着他怕自己也会丧失父母这种恐惧吗？莱辛把亚理斯多德《修辞学》中的两段话作为自己立论的依据。在有一处亚理斯多德说："我们恐惧的一切事情，发生在别人身上时就引起我们的怜悯。"他在另一处又说："一般说来，当一个人记得自己或自己的亲友也遭遇过类似的事情，或者很有可能遭遇这种事情时，便会产生怜悯。"但这些话并不能成为莱辛作出的怜悯必然包含为自己感到恐惧这一结论的依据，因为这些话的意思不过是说，在怜悯当中我们总借助于自己的经验来解释别人的感情、像孤儿怜悯孤儿、盲人怜悯盲人的情形就是如此。

真正的怜悯绝不包含恐惧。关于这一点，说得最有说服力的莫过于柏格森的下面这段话：

> 在我们对别人的苦难所抱的同情中，恐惧也许是不可忽视的，然而这毕竟只是怜悯的低级形式。真正的怜悯不只是畏惧痛苦，而且更希望去经受这种痛苦。这是一种微弱的希望，人们几乎不愿它成为现实，但又不禁会抱着这种愿望，好像老天做下了大不公平的事情，人不受难就有与之串通共谋的嫌疑。因此，怜悯的实质是自谦的需要，是与别人同患难的强烈愿望。[1]

此外我们还可以补充一点，怜悯和恐惧的冲动是根本不同，甚至互相对立的。怜悯作为爱或同情的表现，一般是伴随着想去接近的冲动。但另一方面，恐惧既然产生自危险的意识，就往往伴随着想后退或逃开的冲动。所以，把怜悯看成是改头换面的恐惧，便是忽略了它们的基本性质。

---

[1] 柏格森：《意识的直接材料》，1913年，第14-15页。

前此我们仅仅一般地讨论了怜悯的性质。现在我们可以进而考察一下怜悯在悲剧欣赏中的作用。有些论者认为悲剧根本不会激起怜悯。例如尼柯尔教授就在他著的《戏剧理论》中写道：

> 对于我们觉得比自己更伟大、更崇高的事物，我们很难表现怜悯。我们可以怜悯一个人或一个动物，但却不可能怜悯一个神。普罗米修斯或俄瑞斯忒斯不会唤出我们"同情的眼泪"，正是因为他们具有光辉的生命，比我们更伟大。我们同情奥瑟罗不会到怜悯他的程度，因为奥瑟罗的力量是超出我们认识范围之上的，也许很原始，但却那样有力而威严。我们也不会为考狄利娅之死而哭泣，因为她的天性中有一股硬气不许我们流泪。①

尼柯尔教授也许谈的是他自己的亲身体会，不过我们怀疑大多数观众是否会接受他的看法。说观众对考狄利娅之死或普罗米修斯的受难不会感到怜悯，在我们听来无疑是一种奇谈。莎士比亚的看法似乎就与此不同，他让李尔的侍臣说：

> 最卑微的平民到了这一步也值得人怜悯，更何况一位国王！

当然，悲剧中的怜悯绝不仅仅是"同情的眼泪"或者多愁善感的妇人气的东西。我们可以把它描述为由于突然洞见了命运的力量与人生的虚无而唤起的一种"普遍情感"。我们认为，尼柯尔教授犯了一个类似于莱辛犯的那种错误，即把悲剧中的怜悯当成了一种指向某个外在客体的道德同情。我们在第二章已经说明，悲剧鉴赏是一种审美感情，因而悲剧的怜悯也就是一种审美同情。审美同情的本质正在于主体和客体的区别在意识中消失。所以，

---

① 尼柯尔：《戏剧理论》，第 120 页。

悲剧的怜悯不是指向作为外在客体的悲剧主人公，而是指向通过同感已与观众等同起来的悲剧主人公。这种怜悯多少有一点自怜的意味，像一个人遭逢无可挽回的厄运时对自己的怜悯，就像奥瑟罗感到的那种怜悯和惋惜：

> 是啊，一点不错，可是，伊阿古，可惜！啊，伊阿古，真是可惜啊！

当伊阿古骗得奥瑟罗相信自己的妻子不贞时，用"自怜"这两个字也许不太准确。一个人一旦遇到极大的不幸，就不会再以自我为中心，他会去沉思整个人类的苦难，而认为自己的不幸遭遇不过是普遍的痛苦中一个特殊的例子，他会觉得整个人类都注定了要受苦，他自己不过是落进那无边无际的苦海中去的又一滴水而已。整个宇宙的道德秩序似乎出了毛病，他天性中要求完美和幸福的愿望使他对此深感惋惜。正是这种惋惜感在悲剧怜悯这种情感中占主要地位。不管你叫它"怜悯"或者"悲观"或者别的什么名字，它在大多数伟大悲剧里都是存在的。如果我们感觉不到这种东西，那么无疑就失去了最基本的悲剧精神。难道普罗米修斯的受难或考狄利娅之死不使我们深深感到惋惜吗？难道这种惋惜不是近于怜悯吗？在这里并不存在这些人物是否超出于我们的怜悯之上这个问题，因为在感情达到白热化的程度时，我们绝不会有片刻把自己与普罗米修斯或考狄利娅相比较，他们的痛苦已经成为我们的痛苦，可以说我们和他们联合起来面对共同的敌人，那就是恶，就是破坏宇宙的道德秩序的因素。

因此，观赏悲剧不可能没有怜悯。可是高乃依认为仅有怜悯就足以产生悲剧效果，也同样是错误的。作为一种审美同情的怜悯，如果把它孤立起来看，与悲剧感联系不如与秀美感联系得更密切。美学家们还没有充分地研究秀美感。斯宾塞（Spencer）认为秀美来自"力量的节省"这种理论，也许有些道理。舞蹈家在动作轻盈、洒脱自如的时候，显得更为秀美。然而这种看法尽管不无道理，却没有说明秀美在情感上的效果。秀美的东西往往是娇小、柔弱、温顺的，总有一点女性的因素在其中。它是不会反抗的，似乎总是表现爱与欢乐，唤起我们的爱怜。我们对于秀美的事物的反应，也似乎总是取一种保护者、或至少是朋友的态度。我们的感情中混合着一点怜悯。我们见到这样可爱的东西竟是这么娇嫩，这么柔弱，这么温驯，总觉得有一点惋惜。顾约（M.Guyau）把这种感情分析得非常好：

> 一种微微俯身的体态，尤其那钩着的脖颈，自然摊开的双臂，更显出一种使人垂怜的忧郁和哀伤，在我们易伤感的心中激起一种近乎怜悯而至泪下的情感。总之，所谓秀美往往是一种柔顺的风韵；然而人们只有在爱的时候才会完全自愿地顺从，所以我们可以赞同谢林（Schelling）的观点说，秀美首先是爱的表示，为此，它才激起爱；秀美仿佛就是表示爱，也为此，人们才喜爱它。①

这样看来，秀美感与怜悯有紧密的联系。顾约相当强调秀美感中爱的成分；但是他也许没有足够地注意到惋惜感。可爱的东西很多，可是只有那些在某一方面有所欠缺的东西才能激起真正的怜悯。当然，秀美可以有种种细微的差异，可以是一种纯真的快乐的表现，如天真无邪的儿童的微笑或在晨光熹微中慢慢绽开的含着露珠的花朵，也可以是一种深沉的哀伤的表示，如深秋摇落的霜叶或达·芬奇名画《最后的晚餐》中基督的面容。随着秀美向后一个极端接近，惋惜感也越来越突出。

也许在秀美带一点悲哀意味的时候，与悲剧感最接近。悲剧中的伟大杰作一般都包含着可以说是"悲哀的秀美"的那种美。《俄狄浦斯在科罗诺斯》《伊菲革涅亚在奥利斯》《贝蕾妮丝》《浮士德》中甘泪卿的插曲等，都是明白的例子。由于篇幅所限，我们不能在这里引述哈姆雷特关于"人类是多么了

---

① 顾约：《现代美学问题》，1925 年，第 47 页。

不得的一件杰作"那段伟大的散文体的独白，回响在那段话中的悲观音调就可以很好地说明，我们所谓悲剧中的"悲哀的秀美"指的是什么。但是，让我们选较短的一段话，也就是哈姆雷特向霍拉旭说的临终的遗言：

> 要是你真把我放在你的心上，
> 那就暂时牺牲一下天堂的幸福，
> 在这冷酷的人间痛苦地活下去，
> 昭告我一生的行事吧。

　　这里绝没有半点哀伤或伤感的情调。但是，除了明显的英雄气概之外，我们在这里不是也能发现一种深切的惋惜感吗？听到这样悲哀而又令人振奋的话，我们不是也会感到在观看秋天的落日时有时候能感到的那种情绪吗？再举一个例子。尼柯尔教授认为巍巍然超乎我们怜悯之上的奥瑟罗，在刺死自己之前向威尼斯派来的使者们说：

> 请你们据实禀告，不要偏袒，
> 也不要恶意诬陷：那么你们会说我
> 是一个爱得不聪明而太痴情的人；
> 一个不容易嫉妒、可是一旦被煽动起来
> 就会发狂的人；像愚昧的印度人那样，
> 随手抛弃那比他整个部落的财产
> 还要贵重的珍珠；他的眼睛不常流泪，
> 可是一旦被感情征服，也会潸然泪下，
> 像阿拉伯的胶树那样迅速地滴落
> 可以减轻痛苦的液汁。

　　莎士比亚想在我们心中激起的感情，不是怜悯还能是什么？在奥瑟罗心中充满了痛悔和惋惜，在我们的同情当中也是如此，我们也感到深深惋惜，而且有意无意地希望事情应当是另一个样子。这种感觉类似我们看到秀美的事物带着忧伤和悲哀意味时的感觉。而在上面这段话中，语言的华美更增强了它的效果。

然而"悲哀的秀美"本身还不足以产生悲剧的效果。浪漫主义时代的欧洲文学整个弥漫着拜伦式的感伤和忧郁情调，极能引起怜悯。但是，尽管它很能博得少男少女们一掬"同情的眼泪"，却缺少悲剧诗当中最基本的东西，很少令人鼓舞和振奋。如果先读一读拜伦《恰尔德·哈洛尔德游记》中动人的一节诗，读一读济慈《夜莺颂》、拉马丁的《湖》或缪塞的《五月之夜》，再读一读荷马描写赫克托尔与安德洛玛克道别的一段、《俄狄浦斯在科罗诺斯》或者哈姆雷特或麦克白的伟大独白，我们立即就可以明白带悲哀意味的秀美和真正的悲剧性之间的差别。

那么差别在哪里呢？从上面所举的例子似乎可以得出这个结论：一个有英雄气概，另一个没有。悲剧的基本成分之一就是能唤起我们的惊奇感和赞美心情的英雄气魄。我们虽然为悲剧人物的不幸遭遇感到惋惜，却又赞美他的力量和坚毅。这一点毫无疑问是对的。但是，仅仅是英雄气概也还不足以产生悲剧的效果。关于亚瑟王、勇士罗兰和其他英雄人物的中世纪传奇并不能产生和伟大悲剧相同的印象。它们当中包含的悲剧成分往往被纯粹的英雄传奇成分掩盖了。甚至悲剧也可能仅止于纯粹的英雄气概而不能升到真正悲剧性的高度。高乃依的《熙德》和雨果的《欧那尼》就是典型的例子。为了说明悲剧性和英雄气概之间的差别，让我们比较一下《熙德》和《罗密欧与朱丽叶》。这两者都是作者的早期作品，两者当中悲剧主角的处境都很相似。蒙太古和凯普莱特两个家族之间的世仇颇像唐·狄哀格和唐·高迈斯之间的争吵；罗密欧像是没有家族荣誉观念的罗德里克，朱丽叶则像还不懂得什么责任感的施曼娜。伽斯狄尔国王像维洛那亲王那样，必须维持王国的和平和安宁。甚至唐·桑彻也有一个和他对应的帕里斯伯爵。假使罗密欧为家族报仇杀死了凯普莱特而不是杀死提伯尔特，朱丽叶在维洛那宫廷去哭诉，要求主持公道，并在帕里斯伯爵帮助下寻求报复，最后罗密欧为国立功，大获全胜，得到亲王和朱丽叶的宽恕，终于以幸福美满的婚姻结束全剧；那么就基本上成为一部《熙德》，具有同样的"华丽风格"和"宏伟结构"，同样的责任感和荣誉感，一句话，具有同样的英雄气魄。可是莎士比亚的《罗密欧与朱丽叶》那种怜悯和恐惧到哪里去了呢？哪里还有那种深切的命运感、那种不可征服的爱的力量、那种"如水的月光的项圈"的轻柔诗意和"不祥的命星的束缚"的悲凉情调呢？《熙德》结尾时是和解，是一个幸福的结局。仅仅有没有不幸结局这一点，对于一部伟大的悲剧说来并不很重要。《俄瑞斯忒亚》三部曲也像《熙德》那样有圆满的幸福结局。但在其他一切都相同的情形下，不幸的结尾的确能够增强悲剧感。《熙德》作为悲剧的最大缺点，就是它产生的总的印象与《俄瑞斯忒亚》三部曲和《罗密欧与朱丽叶》都不同，远不是那么有悲剧意味。它的恐惧的成分不够突出。《俄瑞斯忒亚》三部曲中的幸福结尾好比是一场狂风暴雨之后，透过乌云密布的天空射出来的一线阳光，而《熙德》中的幸福结尾却像是阵雨之后的太阳，和煦可爱。

观赏一部伟大悲剧就好像观看一场大风暴。我们先是感到面对某种压倒一切的力量那种恐惧，然后那令人畏惧的力量却又将我们带到一个新的高度，在那里我们体会到平时在现实生活中很少能体会到的活力。简言之，悲剧在征服我们和使我们生畏之后，又会使我们振奋鼓舞。在悲剧观赏之中，随着感到人的渺小之后，会突然有一种自我扩张感，在一阵恐惧之后，会有惊奇和赞叹的感情。英雄气魄却只是令人鼓舞而不会首先使人感到一阵恐惧。

因此，恐惧是悲剧感中一个必不可少的成分。但是，这种恐惧不能和实际生活中的恐惧混为一谈。如果说悲剧不等于纯粹的英雄气魄，那么它也不等于纯粹的恐怖。纯粹的恐怖不仅不能鼓舞和激励我们，反而让人郁闷而意志消沉。利文斯顿（Livingstone）说得好：

许多近代作家也能忠实地描绘不幸的遭遇，但他们作品的效果往往显得野蛮，令人颓丧。只有很少数的人才有足够的才能去描写苦难和邪恶而又不丧失坚定的信念，除了纯粹的可怖以外，还能写出其他的感情来。这就可以解释伟大的悲剧何以这样难得，产生伟大的悲剧似乎有一条件，就是它应当忠实地表现生活中最阴暗的东西，同时又不会在最后让人感到沮丧压抑。希腊的悲剧家们都懂得这个诀窍。[①]

为了说明利文斯顿先生的话，让我们比较一下普雷沃（Abbé Prévost）的《曼侬·莱斯戈》与《罗密欧与朱丽叶》，巴尔扎克的《高老头》与《李尔王》，陀思妥耶夫斯基的《罪与罚》与《哈姆雷特》，或者雷马克的《西线无战事》与《麦克白》。上面提到的这些小说都是同类作品中的佼佼者，又都和与之相比的悲剧杰作在题材上有些类似。但它们却不能产生伟大悲剧总会产生的那种令人振奋的效果。我们读过这些小说之后，很少会感到胸襟开阔。之所以会有这样的差别，首先是因为这些小说把痛苦和恐怖描写得细致入微，却没有用辉煌壮丽的诗的语言去"形成距离"，其次是因为它们的主要人物往往缺乏悲剧主角的崇高和悲壮。纯粹的恐怖并不能产生悲剧感，正如航船遇难或地震并不能使受害者变成悲剧中的英雄，报纸上描绘得栩栩如生的犯罪新闻和受灾报道并不能算是悲剧一样。尽管日常谈话中也常常用到"悲剧"二字，现实生活中却并不存在悲剧。纯粹的恐怖在效果上正好与英雄气魄相反，它们互相缺乏对方所具有的东西。英雄气魄可以鼓舞我们，但不能首先激起我们的恐惧之情，而纯粹的恐怖使我们感到恐惧，却又不能给我们激励和鼓舞。悲剧却必须同时产生这两种效果。

三

现在让我们来作一个小结。我们从仅仅是怜悯是否足以产生悲剧效果这

---

① 利文斯顿：《论希腊文学》，载《希腊文化遗产》一书。

个问题出发，说明了作为一种审美同情的怜悯与秀美感的联系多于与悲剧感的联系。然后，我们又去寻找悲剧和带悲哀意味的秀美之间的区别，结果发现这种区别既不在于英雄气魄，也不在于恐怖感。在这当中我们还看出，悲剧与英雄传奇的区别在于悲剧能激起恐惧，而悲剧与恐怖的区别在于它在使观剧者充满恐惧之后，又能令他振奋鼓舞。

熟悉《判断力批判》的人会立即看出，我们对悲剧效果的描述在基本特点上很近似康德关于崇高的学说。因为在谈到"面对某种压倒一切的力量而感到恐惧之后的自我扩张感"时，我们就不仅粗略地说明了悲剧感，而且也说明了崇高感。我们暂且把悲剧感和崇高感之间的区别放在一边，先来看一看它们的相似之处。

正像布拉德雷教授在他出色的论文中指出的那样，崇高有两个同样必要的阶段第一个阶段是否定的，第二个是肯定的。在第一个否定的阶段中，"我们似乎感到压抑、困惑、甚至震惊，甚或感觉受到反抗或威胁，好像有什么我们无法接受、理解或抗拒的东西在对我们起作用。"接着是一个肯定的阶段，这时那崇高的产物"无可阻挡地进入我们的想象和情感，使我们的想象和情感也扩大或升高到和它一样广大。于是我们打破自己平日的局限，飞向崇高的事物，并在理想中把自己与它等同起来，分享着它的伟大。"[1]用康德的话来说就是：

崇高感是一种间接引起的快感，因为它先有一种生命力受到暂时阻碍的感觉，马上就接着有一种更强烈的生命力的洋溢迸发，所以崇高感作为一种情绪，在想象力的运用上不像是游戏，而是严肃认真的，因此它和吸引力不相投，心灵不是单纯地受到对象的吸引，而是更番地受到对象的推拒。崇高所生的愉快与其说是一种积

---

[1] 布拉德雷：《牛津诗歌讲演集》，1909年，《论崇高》，第37-65页。

极的快感，毋宁说是惊讶或崇敬，这可以叫作消极的快感。①

我们不打算详细讨论后代作家们对康德的观点的批评和修正。他的观点基本上与我们的实际经验相符合；我们的目的不是详论崇高，而只是点出它与悲剧感有关系，所以在这里提一提这种观点也就够了。

（1）悲剧感中能打动我们的事物，正如在崇高感中一样，其基本特征都是或在体积上（用康德的术语说是"数量上"）超乎寻常，或在强力上（用康德的术语说是"力量上"）超乎寻常。一个鼹鼠丘、一条小河、一阵微风、一个矮小的儿童或者普通人的一个寻常的举动，都不可能使我们产生崇高的印象，乡村酒店里的争吵、蔬菜瓜果商的破产、平凡人的生离死别以及类似的许多小灾小难，也都不可能产生真正的悲剧效果。能够激起我们的崇高感的是那辽阔的苍穹、铺天盖地的狂风暴雨、浩渺无际的汪洋大海，是苏格拉底或列奥尼达的那种大勇，是全能的造物主那种气概，他说"要有光，于是便有了光"！能够给我们留下悲剧的印象的是特洛伊城的陷落、普罗米修斯的苦难，是俄狄浦斯的流浪、苔丝狄蒙娜或考狄利娅之死，是非凡人物的超乎寻常的痛苦。

悲剧是人类激情、行动及其后果的一面放大镜，一切都在其中变得更宏大。所以亚理斯多德在谈到悲剧行动时，坚持要有一定的长度。他在《诗学》第七章里说，"就长度而论，情节只要整体明显，则越长越美"。由于同样的原因，他还要求悲剧主要人物应当高于一般人。"他必须是享有盛名的境遇好的人，例如俄狄浦斯、提厄斯忒斯以及出身于这样家族的名人"（见第十三章）。这条意见确实常常被平庸的作家们滥用，于是遭到近代批评家们的嘲笑。例如，有人说在不同环境条件中，人性总是不变的。约翰逊博士就说，"诗人应忽略民族和地位的偶然性的差异。"②社会地位的高低只是偶然的，

---

① 康德：《判断力批判》，第一部，第二三节。
② 约翰逊：《莎士比亚全集序》。

本能、冲动和感情才是最基本的，无论从事什么职业、处于什么地位的人都会受它们影响。被轻蔑的爱情的惨痛和悔恨的痛苦，在一个农夫和在一位帝王都是一样地动人。这当然都对，但是也不可否认，人物的地位越高，随之而来的沉沦也更惨，结果就更有悲剧性。一位显赫的亲王突然遭到灾祸，常常会连带使国家人民遭殃，这是描写一个普通人的痛苦的故事无法比拟的。如果我们看看悲剧中的杰作，就可以明白伟大悲剧家通常的写法也证实这一条真理。希腊悲剧都是围绕着英雄和国王的命运来写的，这些人都是声名赫赫，受人崇敬的像神一样的人物。仿照古典作品来写的法国悲剧，在人物的选择上甚至更严格。就连浪漫型的悲剧也没有任何例外。莎士比亚的四大悲剧的主角，哈姆雷特、奥瑟罗、麦克白和李尔王，都是处于高位的人物。

当然，纯粹的地位虽然重要，却不足以产生悲剧效果。悲剧主角还往往是一个非凡的人物，无论善恶都超出一般水平，他的激情和意志都具有一种可怕的力量。甚至伊阿古和克莉奥佩特拉也能在我们心中激起一定程度的崇敬和赞美，因为他们在邪恶当中表现出一种超乎我们之上的强烈的生命力。

狄德罗和莱辛虽然大力主张所谓"市民悲剧"，但这种悲剧却很少取得高度成功。这是从邓南遮轻蔑地称为"民主的灰色浊流"中冒出来的气泡之一。随着"市民悲剧"的兴起，真正的悲剧就从舞台上消失了，代之而起的只是小说、问题剧和电影。巴尔扎克写了《高老头》，屠格涅夫写了《草原上的李尔王》，然而在莎士比亚的《李尔王》旁边，这两个故事显得多么寒伧！它只是像在一个极小的瓷片上描出的罗马西斯丁教堂穹顶的名画。随着英雄崇拜的消失，一切都被摧垮而落到千千万万人手里，崇高感于是就因之而缩小，而悲剧也就消亡了。

（2）悲剧感正如崇高感一样，宏大壮观的形象逼使我们感到自己的无力和渺小，正像布拉德雷教授所说："我们似乎感到压抑、困惑、甚至震惊，甚或感觉受到反抗或威胁。"在崇高感中，这样一种敬畏和惊奇的感觉的根源是崇高事物展示的巨大力量，而在悲剧感中，这种力量呈现为命运。悲剧的恐惧不是别的，正是在压倒一切的命运的力量之前，我们那种自觉无力和渺小的感觉，不管亚理斯多德的原意是否如此，这正是康德所说在对崇高事物的观照中那种"暂时阻碍的感觉"。这不是在日常现实中某个个人觉得危险迫近时那种恐惧，而是在对一种不可知的力量的审美观照中产生的恐惧，这种不可知的力量以玄妙不可解而又必然不可避免的方式在操纵着人类的命运。这就是《约伯记》中以利法所说的那种恐惧：

> 在思念夜中异象之间，世人沉睡的时候，恐惧、战兢，临到我身，使我百骨打战。有灵从我面前经过，我身上的毫毛直立。那灵停住，我却不能辨其形状。

"我却不能辨其形状"，正是悲剧恐惧的本质。如果恐惧的对象是清晰可辨的，那就不成其为悲剧的恐惧。正因为如此，悲剧恐惧没有一个特定的个别对象，比如悲剧主角或我们自己。我们可以举一个例子来加以说明。如果说，索福克勒斯的《俄狄浦斯王》激起我们的一种恐惧，那么这种恐惧绝不是为了俄狄浦斯，因为实际生活中的恐惧一般是由预见到某种将临的危险而产生的，而俄狄浦斯的灾难已经是无可挽回的既成事实；这种恐惧也不是为我们自己，因为我们绝少可能会遭遇到类似的不幸在不明真相的情况下杀父娶母。因此，这不是以杀父和乱伦为特定对象的恐惧。同样，在看《被缚的普罗米修斯》时，我们不会畏惧自己会偷了天上的火而受宙斯的惩罚；在看《伊菲革涅亚在奥利斯》时，我们不会畏惧自己会遭到被父亲下令献作牺牲的厄运；在看《浮士德》时，也不会畏惧自己会把灵魂出卖给魔鬼而遭难。在所有这些情形里，都是面对命运女神那冷酷而变化多端的面容时感到的恐惧，正是命运女神造成所有这些"古老而遥远的不幸"。这种恐惧可以很强烈，又总是非常模糊的。因此按我们的分析，悲剧的恐惧在某些重要方面和悲剧的怜悯相似。它们都是突然见出命运的玄妙莫测和不可改变以及人的无力和渺小所产生的结果，又都不是针对任何明确可辨的对象或任何特定的个人；虽然引起怜悯和恐惧的条件可以千变万化，但只要我们感到剧情是悲剧性的,那么怜悯和恐惧总是具有这样的性质。现在我们可以明白,研究和评注亚理斯多德《诗学》的人们说,我们是因为怕自己会遭到类似不幸而感到恐惧,是何等大谬不然。在悲剧的领域里,绝没有让利己主义者斤斤计较个人得失的余地!

（3）像崇高感中的"暂时阻碍"一样,悲剧恐惧也只是走向激励和鼓舞这类积极情绪的一个步骤。如果它只是一味恐惧,那就会变成恐怖而使我们感到意志消沉。但是我们都一致同意,悲剧尽管激起恐惧,或者说恰恰因为它激起恐惧,便使我们感到振奋。它唤起不同寻常的生命力来应付不同寻常的情境。它使我们有力量去完成在现实生活中我们很难希望可以完成的艰巨任务。这个任务当然只是在想象中去完成的。我们在理想中或多或少不自觉地把自己与普罗米修斯、俄狄浦斯、李尔以及类似的巨人般的人物等同起来,用崇高的力量去斗争,哪怕面对彻底的毁灭或可怕的死,也决不屈服。麦克奈尔·狄克逊教授（Prof.Macneille Dixon）在谈论埃斯库罗斯的宇宙观时说得好:

> 埃斯库罗斯所理解的世界苦难似乎不能完全归结为罪过或错误,而更多是伴随任何伟大创举必不可免的东西,好比攀登无人征服过的山峰的探险者所必然面临的危险和艰苦。[1]

正像我们将在第十一章要更详细说明的,悲剧通过让人面对困难的任务而唤醒人的价值感。悲剧给人以充分发挥生命力的余地,而在平庸敷衍的现实世界里,人很少有这样的机会。现在,悲剧产生的快感就容易解释了:这是往往伴随着洋溢的生命与紧张的活动而起的快感。

因此,悲剧感是崇高感的一种形式。但是这两者又并不是同时并存的:悲剧感总是崇高感,但崇高感并不一定是悲剧感。那么,使悲剧感区别于其

---

[1] 麦克奈尔·狄克逊:《论悲剧》,1925年,第73页。

他形式崇高感的独特属性又是什么呢？就是怜悯的感情。我们已经明白，只有怜悯并不足以产生悲剧效果，而单是恐惧同样不足以产生悲剧效果。无论情节多么可怕的悲剧，其中总隐含着一点柔情，总有一点使我们动心的东西，使我们为结局的灾难感到惋惜的东西。这点东西就构成一般所说悲剧中的"怜悯"。广义的崇高感缺少的正是这种怜悯的感情。为了举例说明这种区别，让我们把《李尔王》这部悲剧与常常和它相比的一场暴风雨来进行一番比较。这两者都展示出一股巨大力量，都唤起人的无力和渺小的感觉，又都使我们打破自己平时的局限而分享它们的伟大。但是，一场暴风雨绝不可能唤起我们对李尔的苦难或对考狄利娅之死所感到的怜悯。如果我们面对崇高的对象而感到怜悯，那对象对于我们立即就不再是崇高的了。作为一种美的形式，可以说崇高恰恰是可怜悯的对立面。悲剧的奇迹就在于它能够将这两对立面结合在一起。

因此，要给悲剧下一个确切的定义，我们就可以说它是崇高的一种，与其他各种崇高一样具有令人生畏而又使人振奋鼓舞的力量；它与其他各类崇高不同之处在于它用怜悯来缓和恐惧。正像康德以及别的一些人分析过的那样，崇高会激起两种不同的感情，首先是恐惧，然后是惊奇和赞美。由于崇高感是悲剧感中最重要的成分，亚理斯多德列举的悲剧情感大概不完全。高乃依认为在怜悯和恐惧之外应加上赞美，也许是正确的。

第六章 —— 悲剧中的正义观念：
人物性格与命运

一

我们在讨论悲剧中的同情时，附带触及到正义的问题。这个问题对于理解悲剧快感的心理至关重要，所以要在这里更详细地作一番探讨。

欧洲批评家们关于悲剧中"诗的正义"（poetic justice）进行过长期的争论，最初是亚理斯多德在讨论悲剧人物时引起的。我们最好把他对这个问题的看法作为我们讨论的出发点。《诗学》第十三章中那段著名的话是这样的：

第一，不应让一个好人由福转到祸。第二，也不应让一个坏人由祸转到福。因为第一种情节结构不能引起怜悯和恐惧，只能引起反感；第二种结构是最不合悲剧性质的，悲剧应具的条件它丝毫没有，它既不能满足我们的道德感，又不能引起怜悯和恐惧。第三，悲剧的情节结构也不应该是一个穷凶极恶的人从福落到祸，因为这虽然能满足我们的道德感，却不能引起怜悯和恐惧不应遭殃而遭殃，才能引起怜悯；遭殃的人和我们自己类似，才能引起恐惧；所以这第三种情节既不是可怜悯的，也不是可恐惧的。于是剩下就只有这样一种中等人：在道德品质和正义上并不是好到极点，但是他的遭殃并不是由于罪恶，而是由于某种过失或弱点。①

接着他又提到另一种像《奥德赛》那样善有善报、恶有恶报的双重情节的悲剧。不过他又说，"由于观众的弱点，这种结构才被人看成是最好的"；"这样产生的快感却不是悲剧的快感"。

我们如果把这各类悲剧人物在理论和实践中加以考察，就会发现很容易把亚理斯多德讲的道理驳得体无完肤。首先可以指出，在别处他只谈怜悯和恐惧，在这里他却导入第三个因素，即道德感（我们是依布乔尔，将希腊文的"Tδ ølλ άυ ρoπον"译为"道德感"，布乔尔有时又把这同一个字译成"正义感"；巴依瓦脱则将此字译为"人类感情"②，从词源学角度看来虽更准确，但却含义不明）。他认为怜悯和恐惧构成真正的悲剧感情。当他指责双重情节的悲剧时，他是从审美的立场出发，认为"这样产生的快感却不是悲剧的快感"。可是，当他排除一个穷凶极恶的人从祸转到福这种情节时，他又是从审美和道德两种立场出发，认为"它既不能满足我们的道德感，又不能引起怜悯和恐惧"。这一点同样适用于第一种悲剧人物的情形。好人由福转到祸是"令人生厌"即"只能引起反感"的。从整段话看来，他好像没有强调"道德感"，所以穷凶极恶的人从福落到祸以及"双重情节"的悲剧虽然能满足道德感，却都从悲剧中排除出去了。但是，他在悲剧的讨论中引进道德的考虑这一点却非常重要，并在后来的评注家中引起了许多混乱。

他排斥某些类型的悲剧人物时所提出的理由，也是值得怀疑的。他的第一个例子是好人由福转到祸。这种情节毫无疑问会对我们的道德感产生强烈打击，所有的悲剧情节多多少少都会这样。可是为什么它就不能激起怜悯和恐惧呢？在现实生活中，圣徒和烈士的无辜受难往往有最高度的悲剧性。还

---

① 亚理斯多德：《诗学》，第一三章，据布乔尔英译本。
② 巴依瓦脱：《亚理斯多德〈诗学〉评注》，第214页。

有什么灾难比处死苏格拉底、放逐阿利斯蒂底斯、把耶稣基督钉上十字架、把圣女贞德当成女巫活活烧死以及许多别的类似的不幸事件更能使我们深感命运打击的恐怖呢？难道亚理斯多德要我们相信，这些人都不值得怜悯吗？如果我们再返过来看反映自然和人生的悲剧，那么更可以明白：

> 不管正义或不义，都同样可悲，
> 两者往往都同样没有好下场。

于是清白无辜的普罗米修斯只因为热爱人类，就被镇在山岩上被兀鹰啄食肝脏，受尽风雨的折磨；安提戈涅只因为对死去的兄弟尽到她神圣的职责就被处死；希波吕托斯因为拒绝与他的继母通奸而惨遭杀身之祸；考狄利娅则为了孝敬父亲而在狱中遇害。这样的悲惨故事是讲不完的。当亚理斯多德排开好人遭殃的情节时，难道安提戈涅、希波吕托斯以及别的伟大的希腊悲剧人物都没有引起他注意吗？高乃依作为批评家虽然过于审慎，却是一个对诗特别敏感的人，他毫不犹豫地把一位基督教殉道者波利耶克特（Polyeucte）搬上了悲剧舞台。为了为自己的实际做法辩护，他对亚理斯多德定的戒律表示反对。他坚持说，在一定条件下，悲剧也可以写好人受难。莱辛后来对他的嘲讽是极不公正的。这位《汉堡剧评》的作者说："可以有人无缘无故、毫无过失就遭受苦难，这种想法本身就很可怕。"我们可以代高乃依回答：是的，是很可怕，但这样可怕的事情在生活中和在悲剧里都是时常发生的。莱辛杰出的后继者席勒就写过《奥尔良姑娘》，这个人物的厄运就可能比波利耶克特的厄运还更可怕。

我们姑且承认第二类悲剧人物坏人由祸转到福是非悲剧性的，我们就该来看看一个穷凶极恶的人从福落到祸又是怎样的情形。亚理斯多德说这种情节结构不能引起怜悯和恐惧。如果从道德意义上理解怜悯和恐惧，这句话当然说得对，但从审美意义上去理解，就未必尽然。一个穷凶极恶的人如果在他的邪恶当中表现出超乎常人的坚毅和巨人般的力量，也可以成为悲剧人物。达尔杜弗之所以是喜剧人物，只因为他是一个胆小的恶棍，他的行为暴露出他的卑劣。他缺乏撒旦或者靡非斯特匪勒司那种力量和气魄。另一方面，莎士比亚塑造的夏洛克虽然错放在一部喜剧里，却实在是一个悲剧人物，因为他的残酷和他急于报复的心情之强烈，已足以给我们留下带着崇高意味的印象。要是没有这一点悲剧的气魄，他就不过是一个阿尔巴贡式的守财奴了。对于悲剧说来，致命的不是邪恶，而是软弱。气魄宏伟的邪恶常常会像弥尔顿的撒旦和歌德的靡非斯特匪勒司那样崇高。它偶尔可以升到悲剧的高度，像莎士比亚的理查三世和高乃依的克莉奥佩特拉。在这里，我们可以再引雄辩的高乃依在为自己写的《罗多古娜》辩护时说的一段话：

> 大部分诗，无论是古代的还是现代的，倘若删除其中表现凶恶卑下或具有某种违背道德的缺点的人物那些内容，就都会变得枯燥乏味。《罗多古娜》中的克莉奥佩特拉是个残忍的人物，她有强烈的统治欲望，把王位看得高于一切，只要能保持王位，就是犯杀父之罪也不怕。可是，她所有的罪行又都伴随着一种心灵的伟大，其中包含着十分崇高的东西，因而我们在厌恨她的行动的同时，对这些行动的根源又表示钦佩。[1]

"心灵的伟大"正是悲剧中关键所在，从审美观点看来，这种伟大是好人还是坏人表现出来的好像无关大局。席勒在说明"审美判断与道德判断的矛盾"时，也指出了这一点：

> 譬如偷窃就是绝对低劣的，……是小偷身上永远洗不掉的污点，从审美的角度说来，他将永远是一个低劣的对象。……但假设这人同时又是一个杀人凶手，按道德的法则说来就更应该受惩罚。但在

---

[1] 高乃依：《论戏剧诗》，见《全集》第五卷，拉于尔（Lahure）版，第327页。

审美判断中，他反而升高了一级。……由卑鄙行动使自己变得低劣
的人，在一定程度上可以由罪恶提高自己的地位，从而在我们的审
美评价中恢复地位。……我们面对可怖的大罪大恶时，就不再想到
这种行动的性质，而只想其可怕的后果。……我们立即不寒而栗，
所有细致的鉴赏趣味一时都销声匿迹。……简言之，低劣的成分在
可怖成分中消失了。[1]

　　席勒在这里清楚地表明了，纯粹的邪恶如何能激起悲剧的恐惧。他所
描绘的恐惧肯定不是我们怕类似的灾难降临到自己头上那种道德意义的恐
惧，而是我们面对崇高形象时感到的那种审美意志的恐惧。这一点有力地支
持了我们在前一章概述的关于悲剧恐惧的观点。但是可以再提一个问题：一
个穷凶极恶的人从福落到祸怎么能激起我们的悲剧怜悯的感情呢？我们已经
看到，悲剧的怜悯并不是为作为个人的悲剧人物，而是为面对着不可解而且
无法控制的命运力量的整个人类。这主要是一种由浪费感引起的惋惜的感
情。在一个极坏的人从福到祸的沦落当中，我们想到他具有如此超人的毅力
和巨大的力量，却用来为破坏性的目的服务，便常常会产生这种白白浪费的
感觉。我们希望事情是另一个样子，而实际上却事与愿违，于是我们哀叹
道：多么可惜，竟有这等事！像莎士比亚《奥瑟罗》中的伊阿古和拉辛《布
里塔尼居斯》中的纳尔西斯这样的人物，完全违反我们的道德感，他们作为
个人无论有多大不幸，都难以唤起我们的怜悯。但是，当我们放眼一看这类
邪恶人物所寄身的宇宙，我们对坏人的仇恨就淹没在我们对整个人类的怜悯
之中，我们的正义感也就消失在对可怖事物的观照之中。亚理斯多德认为一
个穷凶极恶的人从福落到祸既不能引起怜悯，又不能引起恐惧，这种观点是
我们不能接受的。

---

① 席勒：《美学论文集》，波恩丛书版，第 251 页。

二

我们现在来看关键的一点。亚理斯多德理想的悲剧人物"在道德品质和正义上并不是好到极点,但是他的遭殃并不是由于罪恶,而是由于某种过失或弱点。"希腊原文的 ἁμαρτια 意义含混不明。但是它究竟是指道德意义上的过失还是智力上的错误关系并不大,关键的是悲剧人物必须有某种过失,像阿喀琉斯之踵,这样才能解释他的遭殃。正是这个"过失"或弱点的概念引起了悲剧中的正义观念。悲剧的遭难在一定程度上是咎由自取。比悲剧人物品格更完美的人就不会遭受这样的灾难。

我们现在要来探讨的,就是这个"过失"的概念。我们可以这样来提出悲剧人物遭难的问题:在人物性格与命运之间是否存在因果联系?如果有这样的联系,那么悲剧人物就在一定程度上对于自己的受难负有责任;他受到的惩罚可能过重,但那毕竟是一种惩罚。于是在我们观赏悲剧的意识经验当中,就有正义感的成分。另一方面,如果人物性格与命运之间不存在因果联系,那么悲剧人物就是命运的牺牲品而不是自己弱点的受害者了。

亚理斯多德没有像这么明确地提出问题,更没有作出确切的回答。不过从他要求悲剧人物要有"过失"这一点,以及从他论述问题的整个倾向看来,他似乎趋于第一种选择,即悲剧的灾难在某种意义上是对人物性格弱点或过失的惩罚。

问题在于:希腊的大悲剧家们是否持这种看法?希腊悲剧中大部分主角都确实显出有亚理斯多德所说的"过失",例如俄狄浦斯的急躁或克瑞翁的固执。但问题不在于悲剧人物是否表露出某种弱点,因为人非圣贤,孰能无过?问题在于这样的弱点是否是悲剧行动的决定性力量,也就是说,悲剧诗人是否有意把人物的受难归因于他的弱点。只要稍稍读过一点希腊悲剧的人,都会毫不犹豫地回答说:"不!"

且以《俄瑞斯忒亚》三部曲为例。表面上看来,全部悲剧好像都以正义的主题为中心,而且埃斯库罗斯似乎也极力在使我们这样想。他在《阿伽门农》中说："在宙斯统治世界的时候，犯罪者受罚是不可更改的定律。"① 在《奠酒人》中又说"正义的铁砧是不可动摇的。"② 但是，阿伽门农命中注定要因为自己并没有分的家族之罪而遭报应，难道能够怪他吗？或者，俄瑞斯忒斯既然是在阿波罗命令之下犯了罪，那也能算是他不对吗？埃斯库罗斯的全部作品总是给人这样的印象：命运是全能的，而人却很渺小。《被缚的普罗米修斯》中奥西安尼德斯之歌就可以作为代表埃斯库罗斯的人生观的一个例子：

> 朋友啊，看天意是多么无情！
> 哪有天恩扶助蜉蝣般的世人？
> 君不见孱弱无助的人类
> 　　虚度着如梦的浮生，
> 因为盲目不见光明而伤悲？
> 啊，无论人有怎样的智慧，
> 　　总逃不掉神安排的定命。

这正可代表悲剧感的本质。然后再想一想，在亚理斯多德看来，他所谓"过失"这样一种无足轻重的东西竟可以在埃斯库罗斯构想的那个世界里决定一个人的命运！

我们再看亚理斯多德理想的悲剧，即索福克勒斯的《俄狄浦斯王》，这个剧也同样充满了定命的思想。俄狄浦斯是一位贤明的君王，深受臣民的爱戴，但正在他处于幸运顶峰的时候，突然之间却成了神的愤怒的牺牲品。他的确罪孽深重，因为他杀父娶母。像这样的情形本来不成其为悲剧。只是因为犯罪不是有意的，而惩罚却照样严酷无情，才成为一部悲剧。俄狄浦斯的

---

① 《阿伽门农》，第 1562 行。
② 《奠酒人》，第 676 行，韦伯斯特英译。

犯罪完全是不明真相，更重要的是，还完全是阿波罗预先注定、德尔斐的神谕曾经预言过的。俄狄浦斯千方百计逃避命定的罪恶，但他的好心却没有起作用。若说他的沉沦是他自己的脆弱造成的，那就太不合情理了。或者再以索福克勒斯的另一个剧为例，在安提戈涅的性格里，亚理斯多德又能看出什么"过失"来呢？正是她的美德成为她受难的原因，而她的悲剧也就在这里。听听她说的话吧："我违犯了哪一条上天的法律？可怜的人啊，要是我因为虔诚敬神反而招来不虔诚的罪名，那我为什么还要望着众神？我还能求谁的援助？"① 对于这样痛苦的呼喊，亚理斯多德似乎充耳不闻。

关于人物性格在欧里庇得斯的剧作中越来越重要这一点，人们已经说得很多了。如果亚理斯多德的论点可以得到证实的话，我们当然要在欧里庇得斯的作品里去寻找证据。但是，在这里我们又会失望。的确像施莱格尔所说，在欧里庇得斯的剧作里，"命运很少是全剧中无敌的精神和悲剧世界里的基本思想"。但是，命运的观念尽管削弱了，却仍然存在。埃斯库罗斯和索福克勒斯都是虔敬的人，从未公开怀疑过神的正义。欧里庇得斯却是个怀疑论者，他毫不犹豫地把人所受的苦难都归罪于神。希波吕托斯由于轻慢了阿佛罗狄忒，便死得很惨；彭透斯因为拒绝崇拜新的神巴克斯，被自己的母亲撕得粉碎；海格立斯发了疯，亲手射死自己的妻子儿女，因为这是天后赫拉的意思；伊菲革涅亚在奥里斯被献做牺牲，因为众神为借一阵风给希腊人的舰队，就要索取这样的代价。这些例子都说明，亚理斯多德认为"最具有悲剧性的诗人"的欧里庇得斯，并没有亚理斯多德关于悲剧"过失"那种观念。

从整个希腊悲剧看起来，我们可以说它们反映了一种相当阴郁的人生观。生来孱弱而无知的人类注定了要永远进行战斗，而战斗中的对手不仅有严酷的众神，而且有无情而变化莫测的命运。他的头上随时有无可抗拒的力

---

① 《安提戈涅》，第 920 行。

量在威胁着他的生存，像悬岩巨石，随时可能倒塌下来把他压为齑粉。他既没有力量抗拒这种状态，也没有智慧理解它。他的头脑中无疑常常会思索恶的根源和正义的观念等等，但是却很难相信自己能够反抗神的意志，或者能够掌握自己的命运。埃斯库罗斯和索福克勒斯像阿伽门农和俄狄浦斯一样感到困惑不解。他们不敢公开指责上天不公，但也不愿把恶的责任完全加在人的身上。他们的言论之中的矛盾就显露出他们的困惑不解，也更增强了他们的命运感。人们常说希腊悲剧植根于宗教之中，但宗教这两个字按现代意义理解起来，往往连带着有一套神学理论，而从希腊悲剧中却难于得出一套神学理论来。我们在十二章里还要详细讨论，悲剧的精神与确定的宗教信仰是不大相容的。希腊悲剧诗人们的头脑里多的是困惑和忧郁，往往引向宗教的皈依，但却不等于一个信教者的思想。因此，在他们头脑里，像大多数初民的头脑一样，命运观念占有突出地位，他们的迷信和神话尚未结晶成为宗教的信仰。

希腊悲剧结构宏伟，涵盖天地，多写人与神之间的关系。要是把它脱离开原始神话的背景和宿命论的人生观，从纯理性的观点去加以分析，那就会丧失其本质而仅得其苍白的影子。亚理斯多德正是这样做的。在《诗学》中，对于自荷马以来困扰着希腊人的宿命观点，他竟然不发一言。这点显著的缄默并不是他的疏忽。在《伦理学》第三章讨论自愿行动和无意识的行动时，亚理斯多德谴责欧里庇得斯剧中一个主人公阿尔克米昂为父复仇而杀死母亲。他认为阿尔克米昂的犯罪是神预定的这一点，并不能成其为犯罪的借口。欧里庇得斯这部悲剧已佚，而从现存残篇看来，大致情节与《俄瑞斯忒亚》三部曲颇为相似。对于埃斯库罗斯杰作中表现出的命运观念，不知亚理斯多德又会怎么说。推想起来，他很可能会不以为然的。亚理斯多德是一个很少诗人气质的唯理主义者，他写作之时正当希腊悲剧渐趋衰落，希腊已经脱离幽暗的神话世界而进入一个学术开明的世界，诡辩学派以因果关系去解释世间万物，在这种情形下，亚理斯多德自然很难得到早期希腊悲剧诗人们的精神。埃格（M.Egger）说得好："由于命运观念失去了对人们意识的控制力量，所以也日益丧失其对悲剧舞台的影响。"①我们可以推想，在亚历山大时代，命运观念已完全失去了对人们思想的控制力量。亚理斯多德绝不是愿意让命运观念复活的人。命运这个概念本身就有害于宇宙的道德秩序，使人丧失自由和责任。正因为如此，他才引入"过失"这一概念来解释悲剧人物的不幸遭遇。

三

近代西方悲剧在基本精神上来源于欧里庇得斯，而不是埃斯库罗斯或索福克勒斯。它从探索宇宙间的大问题转而探索人的内心。爱情、嫉妒、野心、荣誉、愤怒、复仇、内心冲突和社会问题这些就是像莎士比亚、拉辛或易卜生这类戏剧家作品中的动力。这是世俗悲剧，这类悲剧中的因果联系不再是从宙斯到人，而必须在人的经验的狭窄范围之内去寻找。现在，人不再是盲目的命运所随意摆弄的玩偶，而是更自由的人，因而对于自己的行动和激情也负有更大的责任。所以，亚理斯多德关于"过失"的见解对近代悲剧比对他那个时代的悲剧更为合适。但即使是近代悲剧，接受这一见解也还有很大保留。

让我们来考察一下堪称近代悲剧最大代表人物的莎士比亚。他对于戏剧中的正义，一如他对所有抽象问题的态度那样，令人难以捉摸。他认为痛苦和邪恶应该由谁负责，是神力还是人物性格？对此问题的意见各说不一。例如，约翰逊博士指责莎士比亚违反"诗的正义"是"他的第一过错"。在著名的《〈莎士比亚戏剧集〉序言》中，约翰逊博士说：

他牺牲美德，迁就权宜，他如此看重给读者以快感，而不大考虑如何给读者以教导，因此他的写作似乎没有任何道德目的。……他没有给善恶以公平合理的分配，也不随时注意使好人表示不赞成

① 埃格：《希腊批评史》，第 302 页。

坏人；他使他的人物无动于衷地经历了是和非，最后让他们自生自灭，再不过问，使他们的榜样凭着偶然性去影响读者。说他的时代比较粗野这一借口并不能掩饰这个比较严重的过失；因为一个作家永远有责任使世界变得更好，而正义这种美德并不受时间和地点的限制。

约翰逊代表着一个极端，另一个极端的代表则是深受亚理斯多德和黑格尔影响的德国批评家盖尔维努斯（Gervinus）。他完全消除了莎士比亚悲剧中的命运观念，把悲剧苦难的原因全都归结为人物性格上的某种弱点。于是在他看来，悲剧完全服从于正义的原则。甚至考狄利娅和苔丝狄蒙娜也不像一般人设想的那么纯洁无辜。那么，考狄利娅之死的正义性又在哪里呢？盖尔维努斯回答道：

> 她为了让父亲重登王位，带领法国军队进攻英国。这一行动的全部责任都落在她身上。只要她活着并且带兵打仗，恐怕会使整个王国都臣服法兰西。可是莎士比亚的爱国情绪却决不允许这样一种思想，即法国军队有可能征服英国。于是考狄利娅成为自己性情的牺牲品。①

至于苔丝狄蒙娜，她的过错甚至更明显。她不得父亲同意而与一个黑皮肤的摩尔人私奔。甚至她失落了手帕也被盖尔维努斯当作指责她粗心大意的理由。她也是"自己性情的牺牲品，这性情超越了社会习俗的界限，把罪过与无邪奇怪地杂糅在一起，结果招致了死的惩罚。"格尔维努斯就这样一个剧接一个剧地作出解释，结果是莎士比亚所有悲剧人物都犯有过错，罪有应得。

---

① 盖尔维努斯：《论莎士比亚》，转引自斯马特：《论悲剧》，1922年。

有些英国学者如斯马特（J.S.Smart）和布拉德雷等，在这两个极端之间选取一条中间路线。按斯马特的说法，"在莎士比亚剧中，命运女神象征着外在偶然事件对个人命运的影响"。"莎士比亚思想中有一种基本信念，就是相信人类经验中有些东西是偶然的，不可以理性去说明的。"因此他承认命运在莎士比亚戏剧中的重要性，但他认为"说莎士比亚看不到逃避或改变命运的安排的任何办法，乃是对莎士比亚的歪曲。事实上，莎士比亚将命运观念与正义观念结合起来，在两者之间保持一定的平衡"[①]。

在我们看来，这两种观念是互相矛盾、不可调和的，因为命运观念意味着人的意志不起作用，而正义观念则强调人的意志自由和责任。我们在下一章讨论布拉德雷的观点时，还要更充分地说明这一点。同时还可以指出，斯马特的论证是没有说服力甚至自相矛盾的。他承认"莎士比亚把命运说成是高于人的意志的一种力量，是盲目地控制人的力量。"但他立即又说："在命运面前，我们并不是完全无所作为的，我们只要能控制自己，也就能控制命运。这个结论正是莎士比亚的哲学的核心。"他引用了几段话来具体说明命运无所不在这一观点，但关于人能够控制命运这一观点，他只引用了《哈姆雷特》中的一段话来加以说明。那是哈姆雷特赞扬霍拉旭的话：

> 因为你，
> 虽饱经忧患，却并没有痛苦，
> 以同样平静的态度，
> 对待命运的打击和恩宠；
> 能够那么适当地调和感情和理智，
> 不让命运随意玩弄于指掌之间，
> 那样的人才是真正幸福的。

---

① 斯马特：《论悲剧》，1922 年。

这段话的意思是很清楚的。哈姆雷特自己是"感情的奴隶"，他羡慕他的朋友那种斯多葛式的平静和无动于衷的态度。无论顺境或逆境都能处之泰然，这是一回事；能控制命运，"逃避或改变命运的安排"，又完全是另一回事。若要说对"命运的打击和恩宠"都无动于衷，苏格拉底就更值得赞扬，但他却并不因此就能逃脱悲剧性的厄运。斯马特或者是严重误解了哈姆雷特的意思，或者是他引了一段根本不能说明他自己的观点的话来做论证。

命运和正义是不可调和的，我们必须在这二者之中选择。或者选择命运作悲剧的指导原则，或者选择正义。就莎士比亚而言，他好像并不自命为判别善恶的公正无私的法官。他的大部分悲剧杰作结尾的时候，都是"向死亡的进军"，善者和恶者的尸体都横陈在台上，其间并无差别。例如，哈姆雷特与克罗迪斯同归于尽，李尔王、考狄利娅与高纳里尔、吕甘也都一同死去。死神的手最终攫去恶人，也攫去善良的人。我们虽不赞成约翰逊博士认为忽略正义观念是莎士比亚第一过错这种观点，但我们得承认，尽管约翰逊博士有很多新古典主义的偏见，他却至少有十分清醒的常识，他对莎士比亚悲剧的方法的描述也是基本正确的。

在我们这部论著的有限范围内，不可能详细探讨莎士比亚在其杰作中表现出来的关于性格与命运的观念。我们只能举一个例子。命运观念也许在《李尔王》中比在其他莎剧中更为突出。这个剧中几乎每一个人物都说到冥冥中神力的作用。有一段话好像雄辩地否定了命运，所以尤其有意思。当葛罗斯脱对近来一些灾变表示担忧，说"最近这一些日食月食果然不是好兆"时，他的庶子爱德蒙讥讽地说：

　　人们最爱用这一种糊涂思想来欺骗自己：往往当我们因为自己行为不慎而遭逢不幸的时候，我们就会把我们的灾祸归咎于日月星辰，好像我们做恶人也是命运注定，做傻瓜也是出于上天的旨意。……明明自己跟人家通奸，却把他的好色的天性归咎到一颗星的身上，真是绝妙的推诿！

我们是否应该把这段话看成代表莎士比亚本人关于性格和命运的观念呢？如果这段话确实能代表他的观点，那么他真可以说是正义说的坚决代表，甚至比亚理斯多德还更坚决。但我们不要忘记，他把这段话放在一个坏人口中讲出来，而坏人讲话总是冷嘲热讽的。让我们来听一听莎士比亚让这个剧中的好人讲出来的话吧。李尔抱怨说：

> 我虽有过失，
> 但别人对我犯的过失却深重得多。

这句有名的话从他遭受的苦难完全可以得到证实。考狄利娅的话也是如此，她的话说得平静然而深含着悲痛：

> 我们也不是头一个
> 存心善良，却反而遭到恶报的人。

肯特坚信"我们头上的星星支配着我们的性情"。葛罗斯特更明白地指责众神的不公：

> 我们对于众神说来正像苍蝇之于顽童，
> 他们仅仅为取乐就杀死我们。

所有这些话都是剧情发展到关键时刻讲的，所以绝不是对整个剧无足轻重、随便说说的只言片语。它们确实发出剧作的主题音调，使我们体会到悲剧感的本质。布拉德雷教授居然说，阅读莎剧时很少感到有命运观念，这不禁令人觉得惊讶。

为了说明更近代形式的命运感，让我们再来看看易卜生的作品。也许在易卜生的作品里，个人主义发挥得最为淋漓尽致，所以个人性格也似乎比命

运重要得多。但即便在他那里，也绝不是"性格决定命运"。他剧中大部分
人物都像《人民公敌》中的汤莫斯·斯多克芒医生那样，是社会制度和僵死
的信念的牺牲品。悲剧之产生主要正在于个人与社会力量抗争中的无能为
力。这些社会力量虽然可以用因果关系去加以解释，但却像昔日盲目的命运
一样沉重地压在人们头上。在我们这个唯理主义的现代世界里，它们就代
表着命运女神，对于它们的牺牲品也像命运那样可怕，那样不可抗拒。我
们不要以为，在易卜生作品里就完全没有原始形式的宿命论。他的杰作之
一的《群鬼》，就可以说是改头换面的《俄瑞斯忒亚》三部曲。欧士华·阿
尔文和阿伽门农一样，注定了因为祖先的罪而遭报应；他像个"活着的死
人"那样受苦，因为他得了父亲遗传给他的病。他清楚意识到这是不公
平的：

> 欧士华：我再也不能工作了！完了！完了！我像个活着的死
> 人！妈妈，你说世界上有这么伤心的事情没有？
> 阿尔文太太：可怜的孩子！这个怪病怎么在你身上害起来的？
> 欧士华：我正是想不通这件事。我从来没有做过荒唐事无论从
> 哪方面说都没有。这一点你得相信我，妈妈，我从来没荒唐过。
> 阿尔文太太：我确实相信你没荒唐过，欧士华。
> 欧士华：可是这病平白无事在我身上害起来了你说多倒霉。①

　　这不是彻头彻尾的宿命论又是什么？详述近代悲剧中的命运观念并不是
我们的目的，上面的例子已经足以证明，尽管人物性格在近代悲剧中越来越
重要，但导致悲剧结局的决定性力量往往不是性格本身，而是原始形式或变
化了的形式的命运。也就是说，戏剧正义的理论对于近代人说来，也和对于
古人说来一样地不太适合。

---

① 易卜生：《群鬼》，第二幕，R.F. 夏普英译。

四

现在大概已经说明白了，亚理斯多德的"过失"概念以及附带的诗的正义的理论，从严格的审美观点说来是令人难以接受的。但是，我们如果不深入一步研究就抛弃这一概念，对亚理斯多德就太不公平了。从第二章可以看出，我们已经承认审美经验与道德经验是大为不同的，也认识到了真正的悲剧快感不依赖于道德的考虑。但我们也强调指出，纯粹的审美经验其实只是一个抽象概念，在作为一个有机整体的生活当中，如果道德感没有以某种方式得到满足或至少不受干扰，审美的一刻就永远也不会到来。对亚理斯多德的"过失"概念说过这许多反对的意见之后，我们仍然觉得，在看到痛苦和不幸场面时，正义观念的确常常在我们头脑中出现。人毕竟是有道德感的动物，对于悲剧鉴赏中审美态度的产生、保持或丧失，他的道德感都具有决定性的影响。这种情况特别麻烦，因为它给我们提出一个难题：若说悲剧和道德感毫无关系，这一说法并不总是能得到事实证明；而若说正义观念确实有助于悲剧快感，又好像有损于我们关于审美经验纯粹性和自主性所采取的立场。在科学的讨论中，如果真正遇到这样的难题，比起不顾矛盾的事实而简单地固守一种教条来，也许需要更大的精神力量和勇气来承认这难题的存在。

我们相信，亚理斯多德在努力解决悲剧主角的问题时，这个难题一定使他很为难。他说话犹犹豫豫，有时甚至自相矛盾。他一会儿说艺术完全不依赖于道德，一会儿又把悲剧结局归咎于某种性格弱点，告诫悲剧诗人不要违背我们的道德感。他一会儿指责偏爱幸福结局是观众的一大弱点，一会儿又认为悲剧不应表现好人由福转到祸。我们是否应当指责他这些前后矛盾呢？只要懂得这个问题的复杂性的人，大概都会对此宽容大度。据说亚理斯多德是一面漫步，一面思考和讲学。他显然很少停留在他并不满意的任何教条上，这既说明他的聪颖敏锐，也说明他的坦率诚恳。他完全不提悲剧中的命运观念固然值得遗憾，但我们也须考虑到他这位科学家的唯理主义的思维习惯。

　　刚才提到那个难题是否是真正的难题，很可以再讨论。在我们看来，采用在第二章里大致描述过的心理距离说，就可以克服这一难题。亚理斯多德在美学中像在伦理学中一样，都总是坚守"黄金中庸"。用近代心理学的语言来说，所谓"黄金中庸"正是我们所说的适当的"距离"。按心理距离说，艺术既不应当过分坚持其独立自主而完全抛开道德感，也不应当蜕化为陈腐的道德说教。亚理斯多德要求于悲剧人物的也正是这一点。悲剧人物不应当太好，否则他的不幸就会使我们起反感；他也不应当太坏，否则就不能引起我们的同情。理想的悲剧人物是有一点白璧微瑕的好人。也许亚理斯多德并没有如后来的评注者认为的那样含有正义观念的用意。悲剧结局不一定要有意识地看成是对某种性格弱点的惩罚，而有这么一个弱点，就可能使我们在感情上更容易接受那可怕的结局，不然的话，那些道德感强于审美感的人就会对悲剧结局感到厌恶了。约翰逊不能忍受《李尔王》的终场就是一个很说明问题的证据。从审美的观点看来，偏爱有某种弱点的悲剧人物正像偏爱《奥德赛》这类有双重情节的悲剧一样，是亚理斯多德认为的观众的一大弱点。然而人生性如此，审美趣味中的弱点也无法改变。聪明的剧作家于是便承认观众有弱点这一事实，并且设法使他的艺术既能得"内行"的欣赏，也能受一般观众的欢迎。这当然是一种讲实际的聪明办法，而不是一条金科玉律。亚理斯多德的"过失"说恰恰不是作为金科玉律，而是作为一种讲实际的聪明办法，才显出有它的道理来。如果说这种理论对后来的诗人和批评家产生了不良影响的话，那也绝不是亚理斯多德的过错。

黑格尔的悲剧理论和
布拉德雷的复述

一

　　悲剧正义的理论有各种形式，亚理斯多德的理论在黑格尔的理论中得到了遥遥的呼应。虽然后者更具思辨性，以更广大的哲学体系为基础，却与亚理斯多德的"过失"说很相近，因为两者都努力为世界的道德秩序辩解，在总的倾向上都取乐观的态度。由于黑格尔对于近代美学思想影响极大，我们要在这里较为详细地讨论他的悲剧理论。

　　大致说来，黑格尔的悲剧理论是他关于对立面的统一或否定之否定的更为广泛的哲学原理一个特殊的应用。在他看来，宇宙服从理性的法则，世间的一切都可以用理性去加以解释或证明。这些理性法则依其价值由低到高的顺序排列，最后终结于绝对或理念。在较低层看来是不和谐的东西，可以融入一种更高的和谐，甚至恶也可以服务于终极的善。绝对或理念就是终极的统一，一切对立、差异与矛盾都在理念中消失：它是所有的个别都在其中失去特殊性的一般。但是，这种理念不是抽象的，而是具体的；一般潜在于个别之中。艺术尤其是如此，因为艺术是理念在感性对象中显现自己，是"绝对透过感性世界的面纱闪射出的光辉"。艺术中这两个因素在一般语言当中就叫作"内容"和"形式"。纯粹的理念是无限、自由而且唯一的，但当它显现在有限、有定性而多样的感性对象中时，就产生了一个矛盾。但是，在艺术中必须克服这个矛盾；内容和形式、统一和杂多、无限和有限这些互相对立的两个方面必须结合起来形成一个有机的整体。用黑格尔的术语说来，正题和反题统一于一个更高的合题。合题就是对立面的统一。

悲剧是艺术的一个特殊例子，它也服从对立面统一的一般规律。不过，在悲剧中的对立面构成"冲突"，而统一则取"和解"的形式。我们已经说过，艺术的内容就是理念，在悲剧中，它就是人类基本的、普遍的和合理的情趣，就是统治人类意志与行动的世界精神的力量。但是艺术不能在抽象概念中绕圈子，却必须活动在个别而具体的感性世界里，所以这些精神力量不能不呈现为合理的人类感情的形式，如亲人的爱、做儿女的孝敬、做父母的慈爱、荣誉、责任、忠诚、爱国、对宗教的虔诚之类情绪。悲剧人物就是这类伦理力量的化身。每一个悲剧人物都把自己与这些伦理力量中的某一种等同起来，并且坚持不渝，始终如一。

因此，推动悲剧的终极的力量就是理念，或者如黑格尔有时所说的那样，是神。由于理念分成许多个别的意志和目的，同一也分裂为对立面。精神力量被孤立出来并且有排他性，于是互相敌对起来。例如，男主人公忠于国家，却往往忽略对家庭的责任，女主人公又往往难于调和爱与荣誉等等。当这样的两种孤立的力量相遇而又各自坚持片面绝对的要求时，结果就造成悲剧的冲突。因此，悲剧的产生是由于两种互不相容的伦理力量的冲突。

这两种互相冲突的伦理力量就其本身而言，每一种都是有道理的。荣誉和爱情一样好，孝顺也和对国家忠诚一样值得赞扬。但由于它们每一种都是片面而排他的，每一种都想否定对方同样合理的要求，所以在整个宇宙当中是没有地位的，因为宇宙的存在本身必须要各种精神力量一致合作。因此，它们中的每一种就都包含着自己毁灭的种子。最后的结果它们或者同归于尽，或者放弃自己排他的片面要求。一般所谓"悲剧结局"就取这二者中之一种，或者是以灾难告终，或者是归于和解。

　　冲突双方同归于尽的悲惨结局，我们可以举黑格尔认为最完美的悲剧典范作品、索福克勒斯的名著《安提戈涅》为例。克瑞翁王下令把波吕涅刻斯的尸首曝于荒郊，因为他曾借外兵进攻自己的祖国。波吕涅刻斯的妹妹安提戈涅是克瑞翁之子海蒙的未婚妻，她不顾王命，收葬了哥哥，克瑞翁不理会儿子的恳求，坚持要执行处罚。安提戈涅被囚禁在一间石牢里，就在克瑞翁下令赦免她的时候自缢而死。但她死之后，海蒙绝望而自杀，克瑞翁的王后见儿子死去，也自尽身死，剩下克瑞翁孤零零一人痛苦地空守王位。在黑格尔看来，国王和这位少女都各有道理：克瑞翁维护国家权威和安全是正确的，安提戈涅维护家人应负的神圣责任也是正确的。但他们又都有错误：克瑞翁不该损害对死者应有的尊敬，安提戈涅也不该违犯国王和未来的公公定下的法规。他们各人的道理都是片面的、排他的，所以都转化为错误，也都受到了惩罚。

　　但是，悲剧冲突有时也可以归于和解。黑格尔举了埃斯库罗斯的《报仇神》为例。克吕泰墨斯特拉为死去的女儿伊菲革涅亚报仇，杀死了丈夫阿伽门农。他们的儿子俄瑞斯忒斯受阿波罗神谕之命，要为父复仇。他于是从命而杀死了自己的母亲。站在他母亲一边的复仇女神们要求以血还血。俄瑞斯忒斯到雅典娜神庙里去避难。雅典娜女神组织起一个神的法庭来审判此案，投票的结果是两种意见各得半数，但雅典娜女神投了决定性的一票，终于宣判俄瑞斯忒斯无罪。复仇女神们得到保证永远受雅典人的崇拜，也满意而归。在黑格尔看来，这里又是两种同样有道理、但又同样片面的伦理力量的冲突，一方是俄瑞斯忒斯所代表的父子之间的神圣关系，另一方则是复仇女神们所代表的母子之间的神圣关系。但最后结果既不是以俄瑞斯忒斯之死了结，也不是以复仇女神的丢脸告终。和解避免了灾难性结局。在这个剧里，和解是由外在力量促成的。它也可能由人物心灵中的内在变化来促成。例如《俄狄浦斯在科罗诺斯》的结尾处，悲剧主角放弃了自己的要求，以自责来洗清自己的过错，达到黑格尔所谓"主观的内在和解"。

　　无论结局是灾难还是调和，其道德含义都是一样：冲突力量的双方都被扬弃，重新达到和谐。理念在激起悲剧人物的个人意志和目的时，就超越其普遍性的平静状态而进入特殊性的领域，从而引起内在的冲突；也就是说，同一性转化为对立。但是，它不能永远停留在冲突状态中。它通过扬弃个别力量的片面要求而避免矛盾，重新恢复本来的平衡和平静状态，也就是说，对立又回到统一。在悲剧结局中遭到毁灭的并不是伦理原则本身如在《安提戈涅》一剧中，家人的职责和国家的权威仍然是永存的遭到毁灭的只是其虚妄和片面的特殊性。黑格尔认为悲剧并非命运造成的，而是"永恒正义"的表现。不过黑格尔所谓"永恒正义"，并不是一般意义上那种惩恶扬善的超人力量即神的评判。黑格尔明白表示反对悲剧结尾中的"诗的正义"的观念。"永恒正义"是在个别力量的冲突中重新确认普遍和谐，或是为整体的利益而牺牲局部。它是通过否定来肯定。在这个意义上说来，善如果是片面的并且否定别的同样的善，就可能变为恶；而恶如果是达到更高目的的手段，也可能变为善；例如，悲剧结尾引向和谐的恢复就是如此。

现在，悲剧快感就容易解释了：悲剧快感是来源于我们看到了"永恒正义"的胜利。在上面的概述中，我们区别了结局的灾难和和解。但在黑格尔看来，这种区分其实并不重要。从他的观点看来，即使是灾难性结尾，只要证明"永恒正义"的正确，也可以视为一种和解。正是这种广义的和解感构成了悲剧快感的根源。黑格尔由此给亚理斯多德所说的"怜悯和恐惧"增加了一层新意。这两种感情不再是一般人所说的怜悯和恐惧，因为恐惧不是对简单的不幸和痛苦而言，而是面对理念这一永恒而不可违抗的力量时的感情，人如果反抗理念，破坏它的和谐和平静，就会遭到毁灭。怜悯也不是单单为别人的不幸表示同情。黑格尔说："这种普遍的感情是对于旁人的灾祸和苦痛的同情，这是一种有限的消极的平凡感情。这种怜悯是小乡镇妇女们特别容易感觉到的。高尚伟大的人的同情和怜悯却不应采取这种方式。"真正的怜悯是对受难者道德品格的同情，它的对象不是作为普通个人的悲剧人物，而是作为伦理力量的化身的悲剧人物。但是，黑格尔似乎并不把怜悯和恐惧看成悲剧效果的全部成分。他说："在单纯的恐惧和悲剧的同情之上还有调解的感觉"，这种感觉是悲剧通过揭示"永恒正义"引起的，永恒正义凭着它的绝对威力，否定了那些排他性的目的和情欲的片面理由，成功地保持着它的平静状态。①

二

以上便是黑格尔悲剧理论的大致轮廓。让我们现在来作一番探讨，看看它在多大程度上符合我们实际的具体经验，又在多大程度上从理论的角度看来正确无误。依我们看来，黑格尔对悲剧的唯理主义解释在几个方面都不能令人满意。

首先，如我们在本文首章已经指出过的，黑格尔像讨论过悲剧的大多数哲学家一样，采用一种很不好的方法，即从一个预想的玄学体系中先验地推演出一套悲剧理论来，而不是把悲剧理论建立在仔细分析古代和近代悲剧杰作的基础之上。黑格尔的悲剧理论只是他那关于绝对理念的范围广阔的学说中一个小小项目而已。狄克逊教授（Prof.M.Dixon）说，"黑格尔学说那几乎不可测的深刻性成了他的悲剧理论威严的屏障"。②但是，他用辩证法把宇宙间的一切，包括悲剧，都解释得那么干净利落，却又有点人为和机械，使得普通人即使不完全排斥，也至少不能不怀疑。宇宙之间的万物难道真是按黑格尔式的"三段论"那样不断向前发展，构成正题、反题、合题；合题又是一个新的正题，然后有更高的反题，更高的合题，如此循环直到绝对吗，即使让常识让位于高深的哲学吧，但那却不是我们所关心的。不过当黑格尔来谈论不仅哲学家，而且普通人也极为欣赏的悲剧时，我们就至少有权利把他的意见拿来和我们自己情感的经验作一番比较。黑格尔理论的弱点在于他事先假定有高度发展的人性。他头脑中设想出一批具有他自己那种高尚的理想主义的观众，而那是无论在古代希腊还是在近代欧洲都不可能找到的观众。

---

① 黑格尔：《美学》，见奥斯玛斯通英译本，1916年，第四卷，论悲剧部分。
② 狄克逊：《论悲剧》，第160页。

我们绝大部分普通人可能从来没有听说过、更没有懂得黑格尔的"永恒正义"观念，但照样能欣赏索福克勒斯或莎士比亚的作品。对于一般人说来，悲剧快感往往是即刻产生的，它不期而至，并非是理智认识到道德意义的结果。而当他真正考虑一部悲剧的道德意义时，他常常是在冷静地思考，不再体验到真正的悲剧快感。黑格尔实际上混淆了我们在第二章里已经区别过的审美态度和批评态度。

黑格尔的理论几乎完全以希腊悲剧为根据。他描述了古代悲剧和近代悲剧各自一些有趣的特点。他发现近代悲剧的基本特征是越来越主观。古代的悲剧人物把自己视为某种既是普遍的、又是合理的伦理力量，而近代的悲剧人物则更多偏重于自己个人的目标、野心和情欲。所以黑格尔承认，永恒的伦理力量的冲突在近代悲剧中不那么明显了；悲剧结局也常常不像是普遍和谐的恢复，而更是赏罚报应的公平分配。尽管作了这样的让步，黑格尔还是极力想证明，即使在近代悲剧中，人物性格仍然体现着某种伦理原则，而悲剧结局仍然在一定程度上是"永恒正义"的胜利。但让我们记住黑格尔的意见，然后来研究一下莎士比亚的《李尔王》、拉辛的《布里塔尼居斯》和歌德的《浮士德》这些公认的近代最伟大的天才作品。吕甘和高纳里尔、尼禄或靡非斯特匪勒司等等，有可能代表什么伦理力量呢？我们又怎么能把考狄利娅、布里塔尼居斯和甘泪卿的要求说成是片面、排他，因而是错误的呢？难道"永恒正义"就不能允许考狄利娅活下去，难道浮士德如果从来没有被靡非斯特匪勒司诱惑，就会是对"永恒正义"的冒犯吗？

就连希腊悲剧也不能证实黑格尔的观点。让我们还是仅仅限于他最喜欢的典范作品《安提戈涅》吧。黑格尔说："在永恒正义的观点看来，克瑞翁和安提戈涅因为都有片面性，所以都是错误的，但同时又各有道理。"从歌德与爱克曼的谈话中可以看出，歌德嘲笑过这种观点。歌德指出，克瑞翁不准掩埋波吕涅刻斯不仅违背了亲属关系的神圣原则，而且让尸体腐烂毒化空气，玷污敬神的祭坛，也是对国家的犯罪。在有关文学方面的事情上，歌德至少和黑格尔一样值得我们重视。克瑞翁的情形的确很难与安提戈涅相比，波吕涅刻斯战败身死，已经受到了惩罚，克瑞翁不必下禁令不准收尸，也完全可以很好地维护国家的权威。安提戈涅则完全不同，她若要尽到自己对亲人的责任，除了违背克瑞翁的禁令之外，别无其他的选择。别的许多妇女要是处在这种地位上，大概都会像安提戈涅的姐姐伊斯墨涅那样遵从国法，从而也就避免了冲突。那就会是黑格尔所谓的"主观的内在和解"，然而他还能把它称为"永恒正义"的胜利吗？黑格尔也许忘了，在这个戏里确实有主观的内在和解，因为克瑞翁听了一位预言者的警告，终于收回成命，赦免安提戈涅，但是，这却并没有挽回结局的灾难。难道在黑格尔看来，毁灭比和解更能显示"永恒正义"吗？此外，黑格尔对此剧中别的一些人物似乎根本没有考虑。可怜的王后和克瑞翁的儿子就因为是王后和克瑞翁之子，便被永恒正义判定了死路一条。[①]

对于一般人说来，悲剧表现的主要是主人公的受难。例如，在《俄狄浦斯王》一剧中，可以称之为黑格尔所说那种冲突的情节，就只有俄狄浦斯和忒瑞西阿斯的争执以及俄狄浦斯和克瑞翁的争执，但一般人读完或看完这部悲剧之后，印象最深的却不是这两处，而是俄狄浦斯突然明白自己犯过罪，是伊俄卡斯忒之死以及俄狄浦斯自己弄瞎双眼去四处流浪。结尾处这些事件一般就叫作"悲剧性结局"，它们表现的是悲剧人物的受难。通常给一般人以强烈快感的，主要就是悲剧中这"受难"的方面。黑格尔片面强调冲突与和解，就完全忽略了悲剧的这一重要因素。这位哲学家试图用否定中之肯定的理论来把恶的存在加以合理的解释，他会令人遗憾地忽略这种因素也是意料之中的事。但是，这样一来，他就既没有充分考虑到苦难的原因，也没有充分考虑到悲剧人物忍受苦难的情形，而这两个缺陷对于任何一种悲剧理论说来都是致命的弱点。

先来看看苦难的原因。黑格尔的"永恒正义"观念即使能解释悲剧冲突的解决，也绝不可能解释其最初的根源。就算是克瑞翁和安提戈涅都由于各

---

① 爱克曼辑：《歌德谈话录》，1827 年 3 月 28 日。

执一端的片面要求而走向毁灭，那么他们为什么会陷入那样的困境，除了坚持其片面要求而成为不幸的牺牲品之外，别无其他办法吗？为什么在黑格尔设想的那样完美和谐的宇宙里，会有那么多的浪费徒劳，为正义要付出那么高的代价呢？原始民族和悲剧诗人们都常常把无法解释又无可避免的灾难与邪恶说成是命运的安排。黑格尔拒绝承认命运在悲剧中的作用，但问题并没有得到解决。在这一点上，他有些自相矛盾。他承认在近代悲剧如《罗密欧与朱丽叶》中，灾难的原因不完全是正义的惩罚，而是偶然机缘，是悲剧人物无法控制的意外事件和外部环境条件。他似乎没有注意到，即使在希腊悲剧里，这类不幸的偶然事件也常常起着重大作用。我们将在后面更详细地说明，黑格尔尤其喜爱的悲剧《安提戈涅》也并不是例外。在一个一切都是必然，一切都由"永恒正义"决定的世界里，竟然会出现这种不幸的偶然事件，对此黑格尔没有作出任何解释。

黑格尔既然完全忽略悲剧中的苦难，自然也就完全不谈忍受苦难的情形。布拉德雷教授说得好，"肉体的痛苦……是一回事。菲罗克太忒斯忍受痛苦又是另一回事。悲剧中最有价值的东西，很多正是来源于令人极为感动的忍受痛苦的崇高态度。"正像我们在前面已经说到过的，悲剧正是通过描写悲剧英雄甚至在被可怕的灾难毁灭的情况下，仍然能保持自己的活力与尊严，向我们揭示出人的价值。这种人类尊严与活力的感觉无疑对于悲剧快感说来很重要。黑格尔忽略这一因素，也就漏掉了悲剧的一个基本特点。

我们说黑格尔的理论是"乐观的"，因为这显然是他本人的意思。但细细推敲起来，他那冲突与和解的理论却很有点令人感到沮丧和绝望。黑格尔常常不厌其烦地说明，绝对理念是"具体的普遍性"，决不能像柏拉图的"理式"那样脱离感性世界。然而他的悲剧理论实际上却意味着，具体的个人的幸福必须为了一种抽象的"永恒正义"而作出牺牲。伦理力量如果是孤立的，如果不是包罗万象的统一的理念，那当然就是片面和排他的，也就往往会互相冲突。如果一有冲突，体现这类伦理力量的人物就要遭到毁灭，像阿伽门农、俄狄浦斯、李尔和其他许多悲剧人物那样，那么走向美德和善良的道路也就必然是通向毁灭和死亡之路了。如果这像黑格尔告诉我们的那样，都是以"永恒正义"的名义进行的，我们不禁要问：这样的"永恒正义"对谁有好处呢？黑格尔的理论事实上意味着，在我们这个有限的世界里，不断的冲突总是不断引向毁灭。归根结底，他那么急于为之辩解的"永恒正义"，借用他自己的术语来说，只是有赖于"有"的毁灭而存在的一个空洞的"无"。这样一种悲剧观还不算是极度"悲观"的吗？

三

黑格尔的理论在一位杰出的牛津大学教授布拉德雷那里，找到了一个极有才干而且富于热情的拥护者。主要由于布拉德雷明白的阐释，英国的公众才熟悉了黑格尔的悲剧理论。布拉德雷专攻莎士比亚悲剧，由于黑格尔的公式不完全适用于近代作品，所以布拉德雷教授重述了冲突与和解的理论，使之适用于近代悲剧。[①] 我们可以说，正是这经过他复述的黑格尔理论，成了他那部名著《论莎士比亚悲剧》的哲学基础。[②] 他那部作品至今仍享有最高声誉。由于莎士比亚被公认为近代悲剧的最大代表，布拉德雷教授的书又作了最认真的努力，要把黑格尔的理论运用于莎士比亚研究，这就为我们提供了一个难得的机会来检验冲突与和解的理论是否适用于近代的悲剧杰作。

先看看冲突的概念，布拉德雷教授的复述大致如下：

　　如果我们略去一切与伦理或物质力量和利益的关系，……我们就可以得到更带普遍性的概念……即悲剧描绘精神的自我分裂和自我消耗，或者说包含冲突与消耗的精神的分裂。这就意味着冲突的双方都有一种精神价值。这同一个概念也可以这样表述……即悲剧

---

① 布拉德雷：《牛津诗歌演讲集》。
② 布拉德雷：《论莎士比亚悲剧》，第86页。

冲突不仅是善与恶的冲突，而且更根本的是善与善的冲突。[①]

他所说的"善"并不仅指"道德的善"，而是"精神价值"的同义语。布拉德雷是否真像他说的那样略去了一切与伦理力量的关系，黑格尔理论的本质他保留了多少，这些问题且让研究哲学的人去解决；看来，上述两点都是值得怀疑的。让我们只来看看他的陈述，看看它应用于具体作品的情形如何。首先可以指出布拉德雷重述的理论有两个主要优点。一个是引入了白白消耗的概念，这就可能包括苦难的概念，而这是被黑格尔不正确地忽略了的。另一点是"精神的分裂"，这个术语既可以包括黑格尔强调过的普遍伦理力量的外在冲突，又可以包括近代悲剧中表现得更多的个人情感与目的的内在冲突，而这是黑格尔的公式没有包括的。

但尽管有这两个优点，布拉德雷教授在理论上复述和实际应用当中，却常常混乱甚至自相矛盾。他的主要例子是《麦克白》。他承认此剧冲突不在于两种伦理力量之间，因为此剧主要旨趣是写人物性格，剧中的冲突是在麦克白和他的反对者们之间。但他接着又指出，在冲突中麦克白这一方也有某些"善"或"精神价值"，他举出的例子包括麦克白生动的想象力、极大的勇气、坚强的意志和战争中的英勇机智。他问道："这些品质本身难道不是善，而且是极为光荣的善吗？它们难道不是会使你尽管深感恐怖，却禁不住要赞美麦克白，同情他的痛苦，怜悯他，在他身上看出你认为具有精神价值的力量在白白耗费吗？"[②]我们当然可以毫不犹豫地作出肯定回答。但真正的问题并不在这里；问题在于在《麦克白》这部悲剧里，这种"善"或"精神价值"是不是真正构成冲突的力量之一，如果说冲突是以麦克白的勇敢机智和想象力为一方，而以邓肯王的拥护者们的忠诚和爱国心为另一方，那就只是对这个剧的严重误解。正像大多数人都同意的那样，激励麦克白的力量乃

---

① 布拉德雷：《牛津诗歌演讲集》，第86页。
② 布拉德雷：《牛津诗歌演讲集》，第87-88页。

是他篡位夺权的野心。麦克白的勇敢机智和想象力可能对他野心的成败起作用，但它们本身并不是冲突的主要力量。无论怎么说，"善"或"精神价值"这样的字眼绝不能用在他那叛逆的意图上。布拉德雷教授在《论莎士比亚悲剧》中有些自相矛盾。他明明白白地说："麦克白叛逆的野心与麦克德夫和马尔康的忠诚和爱国心相冲突：这是外在的冲突。但这些力量或原则同样在麦克白本人的灵魂当中冲突：这是内在的冲突。"[1]在同一本书的另一个地方他又说："在莎士比亚悲剧中，导致苦难和死亡的灾变主要的来源绝不是善。"这种来源"在各个情形里总是恶。"[2]我们如果把这些话两相对照，其前后矛盾就显而易见了。在他的《牛津诗歌演讲集》里，他否认麦克白的冲突在于两种伦理力量之间；而在《论沙士比业悲剧》里，他又肯定其冲突是在两种伦理力量之间。在《牛津诗歌演讲集》里，他说悲剧冲突"本质上是善与善的冲突"；而在《论莎士比亚悲剧》里，他又强调悲剧冲突的"主要的来源""在各个情形里总是恶"。虽然布拉德雷教授常常十分善辩，使人入迷而不大注意到他的矛盾，但他似乎始终没有把握，犹豫不决，前言不搭后语。

事实上，在布拉德雷教授身上，往往存在着一种在精巧的诗的敏感和黑格尔哲学的桎梏之间的"悲剧性冲突"。在他论及命运时，这种冲突尤其剧烈。关于悲剧冲突的主要根源，有两种互相对立的理论。一般看法认为，决定悲剧情节的根本力量是无法理解也无可抗拒的，而正是这种无法理解又无可抗拒的力量造成悲剧中命运的印象。黑格尔理论否定了这一看法，而且恰恰相反地肯定认为，悲剧冲突产生在两种同样合理而又片面的伦理力量的冲突，而且终结于"永恒正义"的胜利。正义的观念无论从一般意义还是从黑格尔哲学的意义上理解起来，都是和命运的观念正相反对的；因为正义观念把悲剧结局的责任归结到人身上，而命运观念则认为不应由人来承担责任，

---

[1] 布拉德雷：《论莎士比亚悲剧》，第19页。
[2] 同上，第34页。

正义观念坚持认为悲剧灾难是可以解释的，而命运观念则承认神秘和不可解的东西的存在。问题在于：布拉德雷教授相信正义还是相信命运？他认为悲剧最终的动力是正义还是命运？

对于这个问题，布拉德雷教授回答说：既是正义，又是命运。这样简单说来，这话似乎很奇怪。不过像布拉德雷教授那样讲出来，就好像并不奇怪了。他首先讨论命运观念，然后讨论正义观念，说明这两种观念都不能完美地解释悲剧冲突。他认为悲剧必须具有两个基本特点：一方面，它不应当使我们最终感到"压抑、不服或绝望"，另一方面，它又应当"始终对我们是某种可以引起怜悯和恐惧而且神秘不可测的东西"。如果悲剧完全依靠命运，就会使我们觉得沮丧和绝望；另一方面，如果完全依靠正义，"受难和白白耗费的场面又似乎显得不是那么可怕和神秘"。于是布拉德雷教授最后把正义和命运这对立的两方面调和起来，合而为一。他作出结论说："我们于是终于得到两方面既不可分、又不可合的观念。个别部分无力反抗的整个秩序，似乎是由追求完美的欲望推动的：否则我们就难以解释它那趋于恶的行为。然而它好像是在自身产生出这种恶，而且在克服和驱除这种恶的过程中，它遭受痛苦，折磨和伤害自身，不仅驱除了恶，而且也失去了无价之宝的善。"不仅如此，"我们始终面临着这样无法解释的事实或同样无法解释的现象：世界在辛辛苦苦地追求完美，但在带来极为光荣的善的同时，又产生出只有通过自我折磨和自我耗费才能克服的恶。这种事实或现象就是悲剧"。你可能会提出异议，说这种看法没有解决生活之谜。但是布拉德雷教授回答说："悲剧如果不是一种使人感到痛心的玄秘，那就不是悲剧。"①

这些话讲得都很漂亮，也无法对之提出什么反对意见。但是布拉德雷教授承认悲剧是一种"使人感到痛心的玄秘"，承认表面上遵从道德律而又产生出导致自我折磨与耗费的恶这个世界是无法解释的，实际上就等于放弃了

---

① 布拉德雷：《论莎士比亚悲剧》，第25-39页。

认为世界可以从理性或道德上加以合理解释的黑格尔派的立场。他所谓无法解释的"使人感到痛心的玄秘",就是一个未知数,黑格尔会用"永恒正义"去代替它,而在普通语言里,它其实就是命运。布拉德雷教授在一个地方把黑格尔"关于悲剧终极力量的全部论述"说成是"命运观念的合理化"。具有讽刺意味的是,这后面几个字用在他自己的理论上,比用在黑格尔的理论上更合适。

布拉德雷教授把命运区分为两种:一种是"整个体系或秩序的神话的表现,在这体系或秩序中,个人只是一个微不足道的小部分,这体系或秩序似乎决定着……人们的行动,它是那么巨大,那么复杂,使人简直难以理解,也难以控制它的作用";另一种则是"一种纯粹的必然性,它完全不顾人的福利,也完全不顾善恶和是非的区别"。[①] 在他看来,"把人表现为纯然的机缘或者纯然是对人无所谓或与人为敌的命运手中的玩物,这种悲剧绝不是真正深刻的悲剧",[②] 而在莎士比亚作品中,"没有丝毫较原始、粗糙和浅显形式的宿命论的痕迹"。[③] 他这样作出区分,初看起来似乎有道理,但仔细想一想,这种区别其实并不存在。因为命运的基本特点是其不可以理性说明和无法抗拒。人们既不可理解又无法控制的体系或秩序归根结底正是一种"纯粹的必然性"。为了用具体例子来说明,让我们再考察一下《安提戈涅》这部悲剧。当先知忒瑞西阿斯警告克瑞翁说,他的残暴行为会给他自己的家人招来灾祸时,克瑞翁王后悔了,下令赦免了安提戈涅。但是命令传到时,安提戈涅已经死了。为什么安提戈涅恰恰死得早了一刻,或者说为什么赦令恰恰迟了一刻传下去呢?就是布拉德雷教授也承认,这不能归结到克瑞翁和安提戈涅的性格特征,这一不幸的偶然事件给我们以宿命的印象。[④] 问题是:这一不幸的偶然事件对于剧情的悲剧结局起多大程度的重要作用呢?具有黑格尔派偏

---

① 布拉德雷:《论莎士比亚悲剧》,第31—32页。

② 布拉德雷:《牛津诗歌演讲集》,第32页。

③ 布拉德雷:《论莎士比亚悲剧》,第29页。

④ 布拉德雷:《牛津诗歌演讲集》,第82页。

见的批评家大概会低估它的重要性。但是，假设剧情是另一种样子，克瑞翁的赦令及时下达，挽救了安提戈涅的性命，那么还成其为悲剧吗？当然不成，因为这剧就会是皆大欢喜的结局，安提戈涅就会尽够责任，并且与海蒙成婚，克瑞翁也会仍然是一个兴旺的家庭的一家之主。我们可以说，《安提戈涅》这部悲剧全靠一个偶然事件，一个表面上看来不大重要、但却带来致命结果的偶然事件。那么，布拉德雷教授要把这种不幸的偶然事件归为哪一类呢？是"纯粹的必然性"，还是"无法理解又无力抗拒的秩序或体系"？这一问题几乎是毫无意义的，因为这两者根本就不是两种选择。《安提戈涅》中不幸的偶然事件对布拉德雷教授描述的两种不同的命运说来，都同样符合。不要以为莎士比亚作品里没有类似的宿命论的痕迹。安提戈涅的命运与考狄利娅的命运就极为相似：在考狄利娅的情形，也是挽救她性命的决定传达得稍晚了一刻。有趣的是，布拉德雷教授为什么要区分两种命运。他是想引入正义观念，他认为这是一种更高形式的命运，所以他称之为"秩序"或"体系"，却忽略了这两种观念事实上是格格不入的。

四

和冲突的情形一样，布拉德雷教授想巩固黑格尔派的立场而重新改造和解观念，结果反而完全脱离了这一观念。我们记得，对黑格尔说来，和解就是冲突力量双方同归失败，他认为这就是"永恒正义"的胜利。布拉德雷教授在复述当中也表现出极为犹豫和矛盾。在《牛津诗歌演讲集》第九十页上，他说，"正如悲剧行动描绘出精神的自我分裂或内在冲突，悲剧结尾则展现出强烈否定这种分裂或冲突"。这似乎完全符合黑格尔的看法，实际上却与黑格尔的看法不同，他完全不提"永恒正义"这条黑格尔理论的基本原则。对黑格尔说来，和解意味着通过否定来肯定；对布拉德雷说来，它却是没有肯定的否定。把"强烈否定这种分裂"称为"和解"，完全是用词不当。

但是，在同一篇演讲里，在该书第八四页上，他又给了"和解"一词另一个意思。他在那里说:"在不少悲剧的结尾,痛感不仅与默然接受的情感相混,而且还混杂着一点欣喜的感情。难道在《哈姆雷特》《奥瑟罗》和《李尔王》的结尾处没有这样一种感情吗?尽管后面两部剧结尾达到了可以达到的悲哀的极限。这种欣喜好像和我们这样一种感觉有关系:我们觉得悲剧主人公正是在他最终遭受失败而死去的时候,最能显出他的伟大和崇高。于是在我们的悲痛之中,突然涌起一阵热烈的赞美之情,突然为心灵的伟大而感到荣耀。"因此,造成和解的感情的,既不是仅仅否定了冲突,也不是公正地进行了报偿和惩罚,而是悲剧主人公以伟大崇高的气魄迎接了最后的结局。在《论莎士比亚悲剧》中,对心灵的伟大感到欣喜这种观念也一再出现。①

不仅如此,在另一些地方,布拉德雷教授似乎认为,道德意义上的正义与和解观念也有一点关系。例如,在《哈姆雷特》结尾处,霍拉旭在王子死后说:

> 一颗崇高的心碎裂了。晚安,亲爱的王子,愿成群的天使用歌唱抚慰你安息!

莎士比亚在这里一反常态,提到了另一个世界里的生活。在布拉德雷看来,这是给哈姆雷特的一种补偿,因为"在他的悲剧人物中,只有哈姆雷特是唯一没有让我们看到他生命当中愉快时刻的人物"。②因此,我们的和解的感觉来自这样的想法:哈姆雷特虽然今生不幸,但在来世却可能享受更幸福的生活。我们由于天性一般是同情善良,所以对悲剧中的坏人,有时会感到一种道德的义愤,而剧中如果有人用语言表达出这样的感情,就能使我们觉得痛快。布拉德雷教授把这个也视为另一种和解的例子,并举《奥瑟罗》中

① 布拉德雷:《论莎士比亚悲剧》,第 84、198、322-326 等页。
② 布拉德雷:《论莎士比亚悲剧》,第 147-148 页。

的爱米利娅为例。"她是唯一替我们表达出我们都感到的强烈感情的人",她有一次痛骂伊阿古:

> 让绞索宽恕他!让地狱的恶鬼咬碎他的骨头。

还有她对奥瑟罗的野蛮残忍暴发出的愤怒:

> 她对她最可鄙的男人真是太痴心了!

布拉德雷说,这一类的话"去掉压抑着我们的沉重的灾难的负担",并且"给我们带来愉快和赞美的慰藉。"[1]

有些评论莎剧的人大概受了布拉德雷教授的影响,指出了另一种和解。据他们说,在大多数莎士比亚悲剧的结尾,从混乱中重现出秩序,在一阵雷鸣之后重新出现一片平静。例如,在哈姆雷特死后,福丁布拉斯重建秩序;凯西奥代替奥瑟罗成为塞浦路斯的总督;麦克白的权杖转到年轻的马尔康的牢牢掌握之中;李尔王死后,肯特和爱德伽掌握了大权。这些悲剧都"以责任和乐观的音调告终:事业还必须继续下去,也还有人继承未竟的事业。"[2]我们不知道布拉德雷教授对这种看法会怎么说,但它似乎是符合他的理论的大致精神的。他自己就曾说过:"《阿伽门农》和《普罗米修斯》如果被误认为已是完整的作品,那就只是……拙劣的悲剧"。[3]他的意思当然是说,这两部悲剧都各是一个三部曲的第一部分,而这三部曲是要以秩序和正义的恢复告终。

所有这些不同的和解方式在大部分悲剧中都可能存在,而且或多或少地

---

① 布拉德雷:《论莎士比亚悲剧》,第 241-242 页。

② 韦利提(Verity)版《哈姆雷特》,注释,第 213 页。

③ 布拉德雷:《论莎士比亚悲剧》,第 278 页注。

有助于造成最终的印象，在高等的悲剧里，这最终印象很少是令人觉得沮丧和压抑的。布拉德雷在论莎士比亚的著作中始终强调这一点，无疑为悲剧的研究作出了一大贡献。某些论和解的章节是他著述中最精彩的地方。总的说来，他似乎认为在面临灾难和痛苦时心灵的伟大和崇高是造成和解的主要动因，而和解就是"这样一种印象：英雄人物虽然在一种意义上和从外在方面看来失败了，却在另一种意义上高于他周围的世界，从某种方式看来，……并没有受到击败他的命运的损害，与其说被夺去了生命，毋宁说从生命中得到了解脱"。[①] 我们完全同意这一描述，在后面第十一章，我们联系到悲剧中的活力感，还要讨论到此点。不过应当指出，布拉德雷教授给"和解"一词加进了完全不是黑格尔派的意思，它不是永恒正义的证明，却是个人意志的胜利，也就是说，是黑格尔很不喜欢的"主观性"和"片面性"的表现。

现在让我们来总结一下。依黑格尔，悲剧产生于两种同样合理而又片面的伦理力量的冲突，它的结束则是否定这两种互相冲突的力量，以恢复和谐告终。黑格尔认为这是通过永恒正义的干预达到的"和解"。我们已经证明，这种唯理主义的悲剧观有几方面的弱点：

（1）它是先验地推演出来的，并不符合我们的情感经验。

（2）它是以对希腊悲剧的错误解释为基础。

（3）它不适用于近代悲剧。

（4）它忽略了悲剧中的受难，在有关命运的问题上前后矛盾。

（5）它在根本上是悲观的，因为它意味着不断的冲突导致不断的毁灭。

布拉德雷教授意识到了这些弱点当中的某一些，所以重新阐述了黑格尔的理论。我们已说明，他不仅没有巩固黑格尔派的立场，反而完全脱离了这一立场。由于他企图调和实际上不可调和的正义观念和命运观念，所以他对悲剧冲突的看法尤其不能令人满意。他的论述实际上与他的意愿相反，最后

① 布拉德雷：《论莎士比亚悲剧》，第324页。

导致的结论是，最终决定悲剧冲突和悲剧结局的是命运，而非正义。他对和解情感的看法，认为在面对死亡和痛苦时，心灵的崇高可以使我们免于完全的沮丧和恐怖这种看法，基本上是正确的。但是，这一点又和黑格尔所谓和解的本意是不一致的。

第八章 —— **对悲剧的悲观解释：**
叔本华与尼采

一

哲学家谈悲剧总是不那么在行。在悲剧问题上去求教哲学家往往是越说越糊涂。你刚刚听完一位哲学家的议论，马上又有另一位哲学家给你讲一通完全不同的道理。我们听黑格尔讲过了，现在我们来听听他的对手叔本华和尼采又怎么说。

与黑格尔的情形一样，要完全弄懂叔本华的悲剧理论，就必须对推演出这套理论的大前提有所了解。黑格尔和叔本华都试图打破康德遗留下来的现象世界与本体世界之间的僵局。康德的唯心主义归根结底是自相矛盾的。一方面，"我们这个世界尽管是这么真实，有那么多的恒星和银河系，但却只是些观念"；另一方面，康德又承认某些终极的实体，即"自在之物"，认为它们是我们感觉的原因，因而也是我们观念的来源。他认为"自在之物"是不可知的，然而他又知道它们存在。黑格尔为了避免这种明显的矛盾，干脆否认"自在之物"的存在。理念就是现实的，世界上的一切都可以用理性去加以解释和证明，悲剧也是如此。但是，叔本华却找到了另一种解决办法。他把意志与康德的"自在之物"等同起来，于是把世界归结为两个终极因素：意志和表象。意志包括本能、冲动、欲念和感情。在这一类经验中，认识的主体和被认识的客体合而为一。我们正是通过直接认识到我们自己的意志，才得以认识客观现实。笛卡儿的公式："我思，故我在。"变成了"我要，故我在。"意志在变成认识客体的同时，也就变成了表象。所以表象不过是"意志的客观化"，即努力、欲望及其他生命力量反映在意识的镜面上的影像。因此意志是终极的现实，表象只是其外表。

从意志第一性的这种叙述中，人们大概会以为叔本华在牺牲表象，抬高意志。但事实恰恰相反。叔本华的全部学说都围绕着一个中心，那就是为了实现纯粹的表象而消灭意志。他反对意志有两大理由。

他的第一个理由是本体论的。意志是盲目的，并且以自我为中心。虽然它是充斥整个宇宙的生命力量，但由于它的内在本性的必然性，它总附着于个人，而且遵循着个性化原则即充足理由原则。它是空幻的面纱，遮掩着纯粹表象的影像不让人看见，因为表象是超越时间和空间，而且独立于充足理由原则之外的。叔本华说："这样进行认识的自我以及被自我所认识的特殊事物，总是在一定时间、空间以内，都是因果链条上的环节。"只有通过这些时间、空间和因果关系的联系，"客体才对个人说来可以引起兴趣，也就是说，与意志有关。"① 换言之，一般的认识只是意志的奴隶，仅仅局限于个别事物。为了穿透这种空幻的面纱，得以清楚地窥见纯粹表象的领域，就必须超脱个性化原则，即摆脱意志的控制。

他的第二个理由是心理和伦理的。"一切意愿都产生自需要，因而是产生自缺乏，因而是产生自痛苦。……欲念的目标一旦达到，就绝不可能永远给人满足，而只是给人片刻的满足；就像扔给乞丐的面包，只维持他今天不死，使他的痛苦可以延续到明天。因此，只要我们的意识里充满了我们自己的意志，……我们就绝不可能有持久的幸福和安宁。"②

---

① 叔本华：《意志和表象的世界》，第三卷，第33-34节。
② 叔本华：《意志和表象的世界》，第三卷，第38节。

　　叔本华的悲观哲学的根子就在这里。这样理解起来，世界就成了地狱，快乐不再是一种实在的善，而只是永恒的痛苦当中短暂的间歇，而且相形之下，使痛苦更令人难以忍受。有没有什么出路呢？对于叔本华这个佛教信徒说来，答案是不言而喻的。既然痛苦来源于意志，所以解决的出路就在于否定意志。

　　在实际上活着的时候否定求生的意志，这不是矛盾甚至不可能的吗？叔本华却并不这样想。他把对艺术和自然的审美观照作为一个典型例子，说明主体暂时超越一切意愿和烦恼、不受充足理由原则束缚的幸福状态。主体在审美对象中忘却自己，感知者和被感知者之间的差别消失了，主体和客体合为一体，成为一个自足的世界，与它本身以外的一切都摆脱了联系。在这种审美的迷醉状态中，主体不再是某个人，而是"一个纯粹的、无意志、无痛苦、无时间局限的认识主体"，客体也不再是某一个个别事物，而是表象（观念）即外在形式。[①]意志的暂时消灭不仅带来对表象的直觉，而且带来美的欣赏。"他现在安然自在地微笑着回顾人世的虚妄，它们也曾经能够打动他，使他感到精神的痛苦，但现在他面对着它们却像弈棋的高手面对下完的一局棋一样，完全无动于衷了。""人生和它的种种形象在他面前不过像一阵过眼云烟，像在半醒的人眼前的一场淡淡的梦境，真实世界已透过这梦境闪现出来，所以它不能再骗人了；并且像这梦境一样，人生和它那些形象也终于会在不知不觉间完全消逝。"[②]

　　因此，一般说来艺术可以使我们摆脱求生的意志，并且给予我们在这个世界上用别的办法无法得到的片刻幸福。悲剧尤其是达到这种目的的最佳手段，因为它最能使我们生动地感受到人生最阴暗的一面，邪恶者的得意、无辜者的失败、机缘和命运的无情以及到处可以见到的罪恶和痛苦。悲剧的动力和生命的动力一样，都是意志。某一个人的意志与其他人的意志发生冲

---

① 叔本华：《意志和表象的世界》，第三卷，第34节。
② 叔本华：《意志和表象的世界》，第四卷，第68节。

突，最后是同归于尽。悲剧灾难的原因不能在正义中去寻找，"因为莪菲丽雅、苔丝狄蒙娜或考狄利娅有什么过错？"悲剧人物之所以受到惩罚，并不是由于犯了什么个人的罪过，而是由于犯了"原罪"，即生存本身这一罪过。叔本华多次赞许地引用卡尔德隆的这样两句诗：

> 人所犯最大的罪
> 就是他出生在世

悲剧正因为向人类揭示这条真理，所以理所当然是"诗艺的顶峰"。

我们记得，黑格尔很少谈论悲剧中的受难。然而叔本华却把这一点变成唯一重要的因素。他说："对于悲剧说来，只有表现大不幸才是重要的。"他把不幸的来源分为三种。首先，它可能来自"一个特别坏的人"，像理查三世、伊阿古、弗朗茨·莫尔、欧里庇得斯笔下的淮德拉、《安提戈涅》中的克瑞翁等。其次，它也可能是盲目的命运造成的，叔本华把盲目的命运等同于"机缘和错误"，例如《俄狄浦斯王》以及一般希腊悲剧、《罗密欧与朱丽叶》《唐克雷德》《麦西纳的新娘》等。最后，它还可能仅仅是由于"剧中人互相所处的地位"，于是在一般的生活环境中，既没有哪个人物特别坏，也没有什么错误或意外的事件，却可能出现一种情形，在其中具有一般道德水平的人物不得不"清清醒醒地睁着眼睛互相残害，却没有哪一个人完全不对。"叔本华认为最后这一类悲剧最好而且最可怕，因为坏人和不幸的偶然事件只是偶尔才出现，而"在最后一类悲剧中，我们看出毁灭幸福和生命的那些力量随时都可能摆布我们"。但是，这类悲剧的例子很少。主要可以举出的情节，像《哈姆雷特》中哈姆雷特与莱阿替斯和莪菲利雅之间的关系，《浮士德》中甘泪卿和她哥哥之间发生的事件等，即属此类。

如果悲剧主要表现苦难，为什么又能给我们快感呢？答案来自叔本华总的哲学理论：

　　所有的悲剧能够那样奇特地引人振奋，是因为逐渐认识到人世、生命都不能彻底满足我们，因而值不得我们苦苦依恋。正是这一点构成悲剧的精神，也因此引向淡泊宁静。……于是在悲剧中我们看到，在漫长的冲突和苦难之后，最高尚的人都最终放弃自己一向急切追求的目标，永远弃绝人生的一切享受，或者自在而欣然地放弃生命本身。[1]

我们这些观众目睹这场冲突和苦难，也就从他们身上受到高尚的教育，同样能够暂时摆脱求生的意志。悲剧快感和一般快感一样，都来自痛苦的暂时休止。用解释叔本华哲学的伽利特先生（Carritt）的话来说："那种使我们觉得像安睡在神的怀抱中一样的幸福，并非激情的幸福，只是去掉枷锁、打开镣铐的幸福。"[2]

叔本华接受了亚理斯多德的悲剧唤起怜悯和恐惧的说法，但他对这两个概念的解释和莱辛差不多，恐惧是为自己的。我们先是感到受到主人公的那种不幸的威胁，于是和他结成同盟来对抗人生。然后我们逐渐分享到他的痛苦，忘了为己的动机。于是恐惧便产生出怜悯。叔本华指责亚理斯多德把怜悯当成目的。对悲剧诗人说来，怜悯只是达到否定求生意志的一个手段。不过叔本华虽然这样说，却并没有低估怜悯的重要性。相反，他把怜悯视为一切道德的基础；而从他的全部著作看来，我们可以说他把怜悯视为一切审美活动的基础，因为怜悯是观照的起点，也是爱的起点。它是把不可见的东西揭示给人类的"第六感官"。人只有通过怜悯，才能超越个人意志，通过悲剧人物的苦难直觉地认识到普遍性的苦难。在观看悲剧时，我们不断在应用"你也如此"这样一个公式。悲剧人物通过实际的个人痛苦摆脱求生意志，

---

[1] 叔本华：《意志和表象的世界》，第三卷，第51节。
[2] 伽利特：《美的理论》，1928年，第122—123页。

我们看见他的悲剧，也通过在怜悯中分担他的痛苦而摆脱求生意志。我们像《麦西纳的新娘》那样感到："生命并不是至高无上的神"，于是我们也像她一样，欢欢喜喜地放弃永远不知足的欲望和徒劳无益的斗争。①

二

叔本华也许比黑格尔更接近真理。有一点他比大多数哲学家都强：他的诚恳、他对文学艺术敏锐的鉴赏力和判断力，首先还有他那明快生动的笔调，不用那些抽象晦涩的哲学术语，又有大量丰富的例证，这一切都使一般读者容易相信他的话。他对于我们认识悲剧至少作出了两大贡献。一是他比别人更能使我们生动地感受到悲剧悲观的一面。悲观是否是悲剧中唯一的东西这个问题，我们在本章的结尾将要讨论，但它在大多数悲剧杰作中无疑是存在的。叔本华强调悲剧中的受难，就填补了黑格尔留下来的一个空白。叔本华还比以前的任何论者都更清楚地说明，悲剧的欣赏主要是一种独立于个人利害之外的审美经验。也正确地驳斥了"诗的正义"的观念，并且把怜悯等同于审美同情或直觉认识。

但是，在审美经验中暂时消除实际利害，并不一定意味着有意否定求生的意志。叔本华关于淡泊宁静的看法既不符合他自己总的美学观点，也不能得到事实的证明。

先看他总的美学观点。大致说来，他把审美活动看成是"与利害无关的观照"，就与康德的表达法一致。他认为审美活动的特点是没有欲念和逻辑概念思维。审美的主体"不再考虑事物的时间、地点、原因和去向，而仅仅只看着事物本身"。他"迷失"在对象之中，觉得世界完全只是表象。就作为审美经验的抽象分析而言，我们认为这种说法基本上是正确的。但在谈到悲剧时，叔本华说它教我们认识到生命的毫无价值，使我们得到弃绝意志的智慧。我们不禁要问，如果我们不考虑事物的"原因"和"去向"，不进行

① 叔本华：《意志和表象的世界》，第三卷，第51节。

逻辑概念思维，又怎么可能认识到生命的毫无价值呢？况且，意志可以表现为肯定，也可以表现为否定。弃绝求生的意志本身毕竟也是一种意愿支配的行动。就是在摆脱意志的这一行动当中，意志也并没有被摆脱掉。然而最大的问题还在于：叔本华认为表象是意志的客观化这一理论，意味着意志和表象是不可分割的。表象不能离意志而存在，正如现象不能离实体而存在一样。叔本华要人们为了观照表象而否定意志。这岂不等于说镜中的影像在镜子打破之后，或在形成影像的原物消失之后，还能够继续存在吗？

从理论观点看来，否定意志这个概念在逻辑上是矛盾的，在心理学上也是错误的：逻辑上矛盾是因为它既把意志视为终极的实体，又认为表象能脱离实体而存在，它既否定了生命，又想使生命能给人快乐；心理学上错误是因为它意味着意志可以不由意志的干预而被否定，它认为主要由意志和情感活动构成的生命，可以离开意志而继续存在。从叔本华哲学总的倾向中，我们以为他会得出对人生和艺术的一种唯生论（Vitalism）观点。的确，现代唯生论者像柏格森和德里什（Driesch），多多少少都受到叔本华的影响。人们会问：叔本华这个在近代最先强调意志的重要性的哲学家，怎么竟成为否定意志的主要说教者呢？其原因在于他企图在一个包罗万象的体系里，把柏拉图唯心主义、原始佛教和他自己的唯生论观点糅成一体，却不问这三种思潮是否能相互调和并存。柏拉图如果听说表象（即观念）只是意志的客观化，或意志应当完全否定，必定会大吃一惊。我们也很怀疑，佛教竟会赞成通过悲剧的演出来教人淡泊宁静这种想法。

但让我们来看一看事实吧。

依柏拉图说，荷马是悲剧诗人之父，他曾讲述过俄底修斯和阿喀琉斯在冥界相会，以及那位最伟大的希腊英雄对于生死的看法。俄底修斯因为阿喀琉斯在死者当中享有的崇高声誉而向他表示祝贺，阿喀琉斯却这样回答：

不，伟大的俄底修斯啊，不要这么轻松愉快地向我谈死亡吧。

我宁愿在人世上做一个帮工，跟随没有土地、也没有什么财产的穷人干活，也不愿在所有的死者当中享有大权。①

这些话无疑不是什么弃绝尘世的意思，更不能证实叔本华说的话："要是有人敲坟墓的门，问死者愿不愿意再生，他们一定都会摇头谢绝。"希腊悲剧中两位伟大的女主人公，安提戈涅和伊菲革涅亚，都是抱恨而终的。安提戈涅悲叹自己"没有人为我哭泣，没有朋友，也没有听过婚礼的赞歌，现在我却被引上了不会再延长的最后的旅程，心里充满了哀伤。啊，不幸的我再也不能看见那神圣的太阳的光辉了！"②伊菲革涅亚向她父亲的苦苦哀告更是令人心碎。她明白地告诉父亲说，想死是愚蠢的，"悲惨的生也比高贵的死更好"。③不要以为她们因为是女人，所以缺乏视死如归的勇气。你可以读一读欧里庇得斯的《阿尔刻提斯》，然后再问一问自己，那部悲剧的主题是否就是谈不上什么英雄气概的对生命的执着。叔本华自己也承认，在古代悲剧中很少有弃绝尘世的精神。他分析了一部又一部的悲剧，终于承认俄狄浦斯、希波吕托斯以及许多其他希腊悲剧人物都不是抱着弃绝尘世的淡泊精神以死告终。但是他又说，"这都是因为古人还没有达到悲剧的顶峰和极致，甚至还没有达到对生命的完全认识"。然而一种悲剧理论要是自认不能适用于埃斯库罗斯和索福克勒斯的作品，也就值不得去认真对待它了。叔本华自己好像也意识到了这个难点，所以他说悲剧的结论是：人生是毫无价值的，是应当抛弃的这在剧中可能仅仅暗示出来，让观众自己去得出这个结论。但是，对于并没有满脑子浸透了叔本华自己那种悲观主义思想的观众说来，这种结论是根本得不到的。此外，要求观众在厌弃生命这一点上比悲剧人物自己还要走得更远，这与叔本华关于怜悯的理论也很难协调一致。

---

① 荷马：《奥德赛》，第11章，第484行。
② 索福克勒斯：《安提戈涅》，第8行。
③ 欧里庇得斯：《伊菲革涅亚在奥里斯》，第1251—1252行。

叔本华是厚今薄古的。但是在莎士比亚的那些悲剧人物当中，又有谁像叔本华描绘的那样，"自在而欣然地放弃生命本身"呢？哈姆雷特、奥瑟罗、麦克白、李尔，都肯定不是这样。叔本华和黑格尔一样，也有他自己特别喜爱的一个例子，那就是《浮士德》中的甘泪卿。

　　伟大的歌德在他不朽的杰作《浮士德》中，通过甘泪卿悲惨遭遇的故事，十分清楚地表现了由于遭逢巨大的痛苦而且毫无解脱的希望，最后达到对意志的否定。我不知道有哪一部诗作可以与之媲美。这是通向否定意志的第二条道路的一个完美的范例。①

但是，叔本华在写下这些话的时候，似乎完全没有查看歌德的原著。浮士德进入狱中打算救出甘泪卿时，她在精神恍惚之中把他当成了刽子手，于是痛苦地喊道：

　　啊，啊！他们来了。痛苦的死！

她苦苦哀求不要让她立刻就死：

　　还是半夜你就要带我走。
　　怜悯我，让我活下去吧！
　　难道不能等到明天早晨吗？
　　我还这么年轻，这么年轻！
　　可是就已经不得不死！

---

① 叔本华：《意志和表象的世界》，第四卷，第68节。

难道叔本华可以把这称为"否定求生的意志的一个完美范例"吗？这是在各时代、各国家不断回响的呼声，从安提戈涅、伊菲革涅亚、耶弗他直到安德烈·谢尼耶（André Chénier）的《年轻的女囚》：

> 啊，死神！再等等，你走开吧，走开！
> 去抚慰那些做屈辱、恐惧、
> 暗淡的绝望折磨的心灵。
> 对于我，巴勒斯仍然是绿色的避难所，
> 仍然有亲吻的爱神、音乐会上的缪斯，
> 我还一点也不想就去死。

"屈辱、恐惧、暗淡的绝望"不正好是甘泪卿的命运吗？尽管如此，她却非情愿弃绝求生的意志。毫无疑问，再也找不出比甘泪卿更好的例子来驳斥叔本华关于弃绝人生的理论了。

三

叔本华给了另一位德国悲观主义者尼采以灵感。尼采在他的《悲剧的诞生》里，借用希腊神话中的酒神和日神来象征两种基本的心理经验。在这两种之中，酒神精神更为原始。这种精神是由麻醉剂或由春天的到来而唤醒的，这是一种类似酩酊大醉的精神状态。在酒神影响之下，人们尽情放纵自己原始的本能，与同伴们一起纵情欢乐，痛饮狂歌狂舞，寻求性欲的满足。人与人之间的一切界限完全打破，人重新与自然合为一体，融入那神秘的原始时代的统一之中去。他如醉如狂，"几乎就要飞舞到空中"。像停不住的孩子一样，他不断地建筑，又不断地破坏，永远不满足于任何固定而一成不变的东西。他必须充分发泄自己过于旺盛的精力。对他说来，人生就是一场狂舞欢歌的筵席，幸福就在于不停地活动和野性的放纵。用尼采自己的话来说，具有酒神精神的人"要求紧张有力的变化"。

另一方面，日神阿波罗则是光明之神和形体的设计者。具有日神精神的人是一位好静的哲学家，在静观梦幻世界的美丽外表之中寻求一种强烈而又平静的乐趣。人类的虚妄、命运的机诈，甚至全部的人间喜剧，都像五光十色的迷人的图画，一幅又一幅在他眼前展开。这些图景给他快乐，使他摆脱存在变幻的痛苦。他对自己喊道："这是一场梦！我要继续做梦！"他深思熟虑，保守而讲究理性，最看重节制有度、和谐、用哲学的冷静来摆脱情感的剧烈。他的格言是："认识你自己"但"不要过度"。所以尼采把他描述为"个性化原则的光辉形象"，"他主张面对梦幻世界而获得心灵恬静的精神状态，这梦幻世界乃是专为摆脱变化不定的生存而设计出来的美丽形象的世界"。①

从这互相对立的两种精神中产生出两种不同的艺术。酒神精神在音乐中得到表现。正如叔本华所说，音乐是在没有表象干预的情况下，意志的直接客观化。用尼采的话来说，音乐是"原始的痛苦的无影无形的反映"。"酒神精神的音乐家无须借助画面，本身就是那原始痛苦和那痛苦的原始回响"。②音乐起源于酒神的舞蹈，抒情诗也随之而产生。抒情诗是"音乐在图画和表象中射出的光辉"。抒情诗的原始形式即民歌，真正是"世界的音乐镜子"。历史证明，凡是民歌兴盛的时代，都是崇奉酒神的奔放不羁的时代。③另一方面，日神精神则体现在造形艺术和史诗之中。在这几类艺术当中，日神的形象在我们面前建造出一个英雄的世界，轮廓清晰，色彩和形体都和谐完美，崇高而辉煌，"浮动在甜蜜的快感之中"。雅典的"众神之庙"的三角墙浮雕上那些庄严的奥林匹克天神的雕像，荷马笔下特洛伊战争中那些壮丽的场面和伟大的英雄形象，都是极好的例子。

酒神精神的艺术和日神精神的艺术之间的区别，可以说是主观艺术与客观艺术的区别。它们虽然互相对立，却又互为补充。例如，抒情诗主要是一

---

① 尼采：《悲剧的诞生》，奥斯卡·列维英译本，1909 年，序言第 25 页。

② 同上，第 46 页。

③ 同上，第 51 页。

种主观的艺术，但在表现内心深处的情感时，它就将这些情感"客观化"，把它们像图画一样放在心眼之前。"在每一种艺术的上升之中，我们首先特别要求克服主观性"。"只要真正是艺术的作品，不管是多么小的作品，没有一点客观化，没有纯粹与利害无关的静观，都是不可想象的。"[1] 醉酒者在变成做梦者的时候，也就成了艺术家。如我们已经看到的，音乐是意志或酒神精神的客观化，抒情诗则可以看作音乐的客观化，把音乐转化为明朗的观念和形象。因此，酒神精神和日神精神在抒情诗中达到了基本的调和。这可以说明抒情诗人与音乐家之间一直存在那种紧密的联系，也可以说明为什么席勒诗中的形象往往是从音乐情调中发展出来的。抒情诗人首先是一位酒神精神的艺术家，在音乐中揭示他那原始的自我。"在日神精神的梦幻的感召之下，这音乐又化为象征型的梦境图景在他眼前展开。"

尼采把悲剧的诞生和抒情诗的诞生相比。悲剧其实正是"抒情诗的最高发展"。[2] 它们是"日神精神的象征所表现的音乐"。据传说，悲剧最早起源于祭神典礼中的合唱。尼采把这看成是原始时代祭祀酒神的狂欢者们所进行的艺术模仿，这些狂欢者在极度兴奋入迷的状态中，完全是在幻想的世界里活动，把自己变成林神萨提儿（satyrs），膜拜自己所尊奉的酒神。因此，他们既是演员，又是观众。祭祀典礼的中心是酒神，人们最初只是假想他在场，后来就用人来扮演酒神，使他的形象能真正展现在所有狂欢者们眼前。他就是后来悲剧主角的雏形。普罗米修斯、俄狄浦斯和其他伟大的悲剧人物，都只是最早的酒神戴着不同脸谱。酒神的受难与日神的光辉融合在一起，音乐产生出神话，于是悲剧就诞生了。

可是悲剧为什么仅仅在希腊而不在别处诞生呢？要回答这个问题，我们得先讲一讲尼采的悲观主义的人生观。

尼采是叔本华的忠实信徒，相信人生植根于痛苦。在他看来，人世是

---

① 尼采：《悲剧的诞生》，奥斯卡·列维英译本，1909 年，序言第 44 页。
② 尼采：《悲剧的诞生》，第 46 页。

"极痛苦、充满着矛盾对立的生物永远在变化和更新的幻梦"。人世是难以从道德上去说明的。"在道德的法庭面前，人生必不可免地永远是败诉者，因为它在本质上就是不道德的。"道德其实是想否定人生的一种隐秘的本能。因此，只承认道德价值标准的基督教，实际上乃是"人生对人生感到厌足和憎恶，只不过装腔作势，打扮成是对'另一个'或'更好的'世界的信仰"。尼采用审美的解释来代替对人世的道德的解释。现实是痛苦的，但它的外表又是迷人的。不要到现实世界里去寻找正义和幸福，因为你永远也找不到；但是，如果你像艺术家看待风景那样看待它，你就会发现它是美丽而崇高的。尼采的格言："从形象中得解救"，就是这个意思。酒神艺术和日神艺术都是逃避的手段：酒神艺术沉浸在不断变动的旋涡之中以逃避存在的痛苦；日神艺术则凝视存在的形象以逃避变动的痛苦。

　　在尼采看来，希腊人是一个敏感的民族，"极能感受最细微而又严重的痛苦"。有名的所谓"希腊式的快活"其实只是"已近黄昏的灿烂夕阳"。希腊人事实上是悲观主义者。当然，说希腊人在那光辉灿烂的时代里竟是悲观主义者，的确有点出人意料。但尼采辩解说，"过度本身就是一种痛苦。"希腊人以敏锐的目光看透了自然的残酷和宇宙历史可怕的毁灭性进程。要不是艺术拯救了他们，他们就会渴望像佛教的那种对求生意志的否定。"为了能活下去，希腊人出于迫不得已的必然而造出奥林波斯山上的诸神。"奥林波斯神的世界成了希腊人和生存的恐怖之间一个"艺术的中间地带"。这个世界保护他们不受自然界巨大毁灭性力量的摧残，不像普罗米修斯那样被兀鹫啄食肝脏，不遭聪明的俄狄浦斯那种可怕的命运，不受阿特柔斯家族所受到的那种诅咒，不被摧毁了无数英雄豪杰的那种命运力量所打击。一句话，他们接受了对人世的审美的解释。作为悲剧人物雏形的酒神既是原始苦难的象征，也是原始统一的象征。被日神的神力点化之后，他又摆脱痛苦，成为艺术之神。"受痛苦者渴求美，也产生了美。"[1] 其结果就是希腊悲剧。

---

① 尼采：《悲剧的诞生》，第 25 页。

于是，悲剧快感主要是一种审美快感，或者说是对痛苦现实的美丽外形所感到的日神精神的欢乐。但是，尼采对这种观点似乎并不满意，因为他又进一步断言说，悲剧快感是一种"玄思的安慰"。它产生于这样的想法："尽管现象界在不断变动，但生命归根结底是美的，具有不可摧毁的力量。"宇宙意志或永恒生命不容许任何事物静止不动；它要求不断的毁灭，同时也要求不断的更生。于是，"意志的最高表现即悲剧英雄被否定了，却引起我们的快感，因为他们只是些幻象，因为意志的永恒生命并不因为他们的毁灭而受影响。悲剧高喊道：'我们相信永恒的生命'。"大自然在悲剧中对我们说："像我这样吧！我，在外表的永远变幻之下；我，永远在创造，在促进生存；我，万物之母，随时用这形象的变化来满足自己！"①换言之，悲剧人物之死不过像一滴水重归大海，或者说是个性重新融入原始的统一性。这是个性化原则的破灭，而个性化原则正是痛苦之源。因此，我们在悲剧中体验到的快感是一种得到超脱和自由的快感，这种快乐好比孺子重归慈母的怀抱所感到的快乐。

四

尼采自称是"第一个悲剧哲学家"，《悲剧的诞生》中热情奔放的语言和奇异瑰丽的形象也的确使不少读者感到眼花缭乱。尼采使用神谕般的语句来讲话，使他显得像一位预言者。但是，我们一旦脱去他那酒神信徒的奇异装饰，在日神的清朗光辉中把他作为一个清醒的人来看待，就会发现他是叔本华和黑格尔的奇怪的混合，而首要成分是叔本华。在《悲剧的诞生》中，尼采不错过任何一个机会来表示对自己这位老师的崇敬之情。但是后来他却后悔"用叔本华的公式模糊和破坏了酒神的先知先觉"。他在别处又承认说，他这本书的用意是想纠正叔本华片面的悲剧观。他感叹道："啊，酒神对我说的话多么不同！"看看他和叔本华有多大程度的相似和不同，也许是评价

① 尼采：《悲剧的诞生》，第 128 页。

他的理论的最好办法。

我们记得，叔本华把作为意志的世界与作为表象的世界相对立。意志的世界受个性化原则的支配，所以必然产生冲突和苦难。我们只有一条路可以逃避意志所固有的痛苦，那就是逃到表象的世界中去。现实的创伤要靠外表的美来医治。这就是叔本华的《意志和表象的世界》一书的基本思想。尼采几乎全盘接受了这个思想，只不过给他穿上了一件奇异华丽的外衣。酒神精神不是意志是什么？日神精神不是表象又是什么？对叔本华说来，痛苦和万恶之源都在意志；对尼采说来也是这样。叔本华认为不仅要经验人生，而且要静观人生；尼采用审美解释代替对人生的道德解释，用意也正是如此。在叔本华看来，音乐是无须观念和形象直接摹写意志，诗和造形艺术摹写意志却是把意志加以客观化的表象，即现实的外貌。尼采也接受了这一区别，只是补充说，音乐产生形象，而诗，包括悲剧，则是转化为形象的音乐，或用他自己那种象征式的语言来说，是与日神精神相调和了的酒神精神。叔本华和尼采的全部理论可以归结为这样两条：

1.艺术反映人生，即具体形象表现内心不可捉摸的感情和情绪。

2.艺术是对人生的逃避，即对形象的观照使我们忘记伴随着我们的感情和情绪的痛苦。

这两条都是正确的，但今天已成为人所共知的常谈。不过这些思想能够盛行，主要还是由于叔本华和尼采的宣讲，这也是他们的一大功绩。

但在有一点上，学生和老师意见并不一致。尼采驳斥了叔本华弃绝人世的思想，把宇宙的原始意志视为实体，把个人客观化的意志视为现象，认为二者是有区别的。使个人意志具有活力的原始意志永远处在变动状态之中，它的存在就在于变化，静止不动就等于取消它作为原初意志的作用。在个人意志的不断毁灭之中，我们可以见出原始意志的永恒力量，因为毁灭总是引向再生。正因为悲剧人物之死能揭示这种酒神式的智慧，所以能给我们以"玄思的安慰"。这一思想看来好像是尼采独有的，实际上却是发展叔本华对个性化原则的攻击得来的，它最终可以追溯到黑格尔的关于取消片面伦理力量而恢复宇宙和谐的思想。

我们依照哲学史家们的传统看法，把尼采学说描述为"悲观主义的"《悲剧的诞生》副标题是"希腊主义与悲观主义"，似乎也支持这样的看法。但"悲观主义"一词用在尼采的悲剧理论上，却容易使人产生误解。尼采自己也意识到这一点，因为当他自称是"第一个悲剧哲学家"时，又意味深长地补充道："也就是悲观哲学家的恰恰相反的那个对立面。"只是在作为一个道德家观察世界时，他才是一个悲观主义者。但是，他却拒绝采取道德的人生观，而坚持他所谓"对人生的审美解释"。"存在和世界只有作为审美现象才是永远合理的。"从这种观点看来，他实在是一位乐观主义者。人生虽然永远植根在痛苦之中，当你用艺术家的眼光去看它时，却也毕竟是有价值的。靠了日神的奇迹，酒神的苦难被转变成一种幸福。尼采借迈达斯王和塞伦纳斯的故事来说明这个道理。迈达斯抓住聪明的塞伦纳斯，要他回答什么是对人最好的东西。塞伦纳斯回答说："最好的东西就是你永远得不到的：不要出生，不要存在，化为虚无。而对人说来，不得已而思其次，就是早死。"尼采把这当成是酒神的智慧。但希腊人靠了日神式的眼光，把这种智慧反转过来。他们创造出了奥林波斯的神祇，而在诸神的光辉照耀之下，存在本身变成一件使人愉快的东西。所以更正确的应该是像荷马笔下的英雄们那样说："对于他们，最糟的是早死，其次糟的是毕竟某一天会死去。"这正是尼采自己关于艺术的信条，而这绝不是悲观主义的。

尼采的哲学没有任何矛盾吗？如果你愿意，你尽可以称它为"矛盾"，但是人生本来就充满了矛盾，悲剧也充满了矛盾。对人生和悲剧采取片面的悲观看法固然错误，对之采取片面的乐观看法也同样错误。人生既是善，也是恶，它给我们欢乐，也给我们痛苦，把我们引向希望，也引向绝望。悲剧给我们展现出来的。也是同样具有两面性的自然。不言而喻，悲剧不可能从完全快活的心绪中产生。要创作或者欣赏一部出色的悲剧，都必须对生活的阴暗面、对命运的捉弄以及邪恶和不正义的存在深有所感。但与此同时，又不必回避悲剧中这些不幸的因素。悲剧总是有对苦难的反抗。悲剧人物身上最不可原谅的，就是怯懦和屈从。悲剧人物可以是一个坏人，但他身上总要有一点英雄的宏伟气质。要是看悲剧而没有感觉到由人类的尊严而生的振奋之感，那就是没有把握住悲剧的本质。读一读埃斯库罗斯、莎士比亚或席勒的伟大杰作，再想想黑格尔和叔本华的著名理论，就可以明白这些理论家们都只抓住了一半真理，"悲观主义"和"乐观主义"这类字眼单独用在悲剧上，都同样地不合适。例如，我们可以看看《暴风雨》中普洛斯彼罗这段话：

> 快活起来吧。
> 我们的表演就到此结束：这些演员，
> 我已经说过，都是一些精灵，
> 现在已化为一阵薄薄的空气，
> 像这场凭空虚构的梦幻一样，
> 高耸入云的城堡、豪华的宫殿、
> 庄严的神庙，甚至整个地球和
> 地上的万物，都会消亡，
> 像这场虚幻的演出一样消失，
> 不留下一缕烟痕：我们都不过是
> 构成梦幻的材料，我们短暂的一生
> 最终也是止于永眠一觉。

这里的悲观色彩是显而易见的，但那并不是一切。纵然一切都会像一场虚幻的演出那样消失得了无踪影，但诗人却劝我们"快活起来"。场面的壮观和词句的精彩使我们不再觉得一切都是空虚。像尼采用巧妙的比喻说的那样，这是酒神原始的苦难融入日神灿烂的光辉之中。尼采的一大功绩正在于他把握住了真理的两面。《悲剧的诞生》尽管有许多前后矛盾的地方，但毕竟是成功的，也许是出自哲学家笔下论悲剧的最好一部著作。

第九章 ——"忧郁的解剖"：
　　　　　痛感中的快感

一

　　在讨论了对悲剧的悲观解释之后，我们暂且来探测一下悲观心理本身。这个论题看起来和悲剧快感问题似乎没有什么关系，其实对说明这一问题却很有价值。

　　叔本华和尼采都代表着浪漫主义运动哲学的方面。浪漫主义作家突出的特点之一是热衷于忧郁的情调，叔本华和尼采的悲观哲学可以说就是为这种倾向解说和辩护。对于浪漫主义不抱同情的人，总会觉得维特、恰尔德·哈洛尔德、勒内以及诸如此类的人物有点病态和矫揉造作。人生中的幻灭和哀伤使他们时常悲叹和哭泣，然而他们口里说自己感到悲观忧郁，却又继续活下去，而且努力过得更快活些。事实上，他们沉思邪恶和痛苦，从中能得到一种乐趣。"世纪病"与其说是病，不如说是一种逃避。大多数浪漫主义者都是个人主义者，所以都各有按照自己意愿来改造世界的幻想。世界并不总是那么柔顺，于是他们就起来反抗。就像小孩子的意愿得不到满足就发脾气一样，浪漫主义者们也是远远躲在一角，以绝望和蔑视的眼光看这个世界。他们不胜惊讶而且满意地发现，在忧郁情调当中有一种令人愉快的意味。这种意味使他们自觉高贵而且优越，并为他们显出生活的阴暗面中一种神秘的光彩。于是他们得以化失败为胜利，把忧郁当成一种崇拜对象。他们像弥尔顿诗中那位忧郁者一样高声喊道：

> 贤明圣洁的女神啊，欢迎你，
> 欢迎你，最神圣的忧郁！

大自然也只是在蒙上一层晚云的纱幕或者变得一片荒凉的时候，才最使他们入迷。

> 现在空中一片沉寂，只有蝙蝠
> 发出短促尖细的叫声，拍翼翱翔；

正是在这种时候，浪漫主义诗人披着黑色的斗篷，垂下眼睛，走到一座荒废的山村、一个乡村教堂的墓地，或是一片孤寂的树林，沉思默想着"坟墓和蛆虫"，回味那已经失去的爱情，或者以哀伤的诗句吟咏那些不幸而遥远的事情。他怀着懊悔和悲伤回顾过去，又带着绝望的心情瞻望将来，然而在他那闪着泪花的眼里，又时常射出一线欢乐而幸福的光芒。

旅游到提罗尔的人们有时会走过一个小小的农舍，那里的墙上刻着这样的话："我还活着，可是还能活多久？我将不知在何时何地死去。我走向我自己也不知道的地方去，但是使我惊奇的是，纵然如此，我还是很快活。我主基督啊，保佑我的家吧！"[1]就浪漫主义者说来，可以说正因为如此，他们才那么快活。忧郁对于他们是一种宗教、一种精神安慰。在谈到拜伦时，海涅写道："他们因为他很忧郁而怜悯他。难道上帝不也很忧郁吗？忧郁正是

---

[1] 转引自克罗齐：《十九世纪的欧洲文学》，D. 安斯利（D.Ainslie）英译，第120页。

上帝的快乐。"① 代尔（Dyer）在《罗马的废墟》中写道：

> 那是给痛苦以抚慰的同情，
> 把健康与宁静轻轻唤醒，
> 多么悦耳！……
> 忧郁之神啊，你的音乐多么甜蜜！

济慈有时候"几乎爱上给人抚慰的死神"，而且肯定地告诉我们：

> 啊，就是在欢乐女神的圣殿里，
> 蒙着面纱的忧郁也有一尊之席。

列奥巴迪（Leopardi）在罗马找到的"最初而且是唯一的快乐"，就是在祭奠诗人塔索时，从他洒在塔索之墓的眼泪里产生出来的。在对忧郁的赞美中，法国浪漫主义诗人们尤其能说会道。拉马丁常常喜欢大自然阴沉的样子，因为这种样子才与他心中的忧伤更为和谐一致：

> 再见吧，最后的美好日子：大自然的悲凉
> 才与忧伤的心情相称，使我喜爱。

阿弗雷德·德·维尼（Alfred de Vigny）把廊下派哲人的英雄主义作为一个信条：

> 我爱人类痛苦之中的崇高。

---

① 海涅：《巴黎通信》，第44封。

缪塞（Musset）的《十月之夜》中，诗神告诉诗人说：

> 为了生活和感受，人需要流泪，

而且问他：

> 你难道会爱花，爱牧场和绿茵，
> 爱彼特拉克的十四行，小鸟的啭鸣，
> 爱米开朗琪罗和艺术、莎士比亚和自然，
> 假如其中不是保留着往昔的泪痕？

类似的例子不胜枚举，但这些就已足够说明，浪漫主义诗人们往往从刺丛之中摘取玫瑰。对他们说来，忧郁本身已成为快乐的一个源泉。

我们不是只说"浪漫主义诗人"吗？把崇拜忧郁仅仅归到浪漫主义诗人那里，也许不大精确。浪漫主义其实只是加快了各时代文学一个总的趋势而已。

正如雪莱所说：倾诉最哀伤的思绪的才是我们最甜美的歌。我们在荷马那里，尤其在维吉尔那里，不是也能感觉到一丝忧郁的情调吗？还有什么时代比伊丽莎白时代的英国更盛行讲究表现忧郁？莎士比亚塑造了许多忧郁型的人物，哈姆雷特、安东尼奥、杰克斯等等。"为什么这样忧郁？"曾经是一句和人见面时表示问候的话。在琼森（Jonson）的《人各有癖》一剧里的斯蒂芬，还有莎士比亚的《爱的徒劳》中的唐·阿美陀，都故作忧郁，好使自己显得具有"绅士派头"。[1] 弗莱契（Fletcher）则坚信：

> 没有什么比可爱的忧郁更优雅甜蜜。

---

[1] 舒京（Schücking）：《莎士比亚悲剧中的人物和问题》，1922年，第157-167页。

每个时代都有自己的维特，这种情形现在也还见不出有衰退的趋势。

令人极感恐怖的，大概莫过于死亡。然而从希腊的哀歌作者到波德莱尔，死亡一直是文艺作品最爱表现的一个主题。死的各个可怖景象都时常被人描写过了："肢解得残缺不全的躯体、腐烂的尸首、拿骷髅头玩耍的掘墓人、露出可怕笑容的骷髅，甚至鲜血淋漓的五脏六腑等等。"[①] 文艺复兴时代的人们似乎特别喜欢用骷髅和坟墓的形象。基督受难和圣·塞巴斯提安之死这类主题之所以风靡全欧，除了宗教的意义之外，很可能还由于人们爱看死难场面的缘故。在诗人之中，弗朗索瓦·维永（François Villon）可以代表十五世纪以死亡为主题写诗的一派。《绞杀者之歌》就是一个典型的例子。诗人和艺术家们为什么并不回避这样一个引起痛感的主题，是一个值得深思的问题。也许正如其他种种形象可以让具有忧郁性情的人喜欢一样，死的形象也并不像一般认为那样给人以痛感。在柏拉图写的对话里，斐德若（Phaedo）告诉我们说，苏格拉底在临死的时候，和他的弟子们一齐感到一种"奇妙的感情和悲与欢不寻常的混合"。莎士比亚悲剧中的罗密欧在杀死了帕里斯并知道自己的死也就在眼前时，大概也同样有这样一种悲欢混合的感觉：

> 死了的，躺在那儿吧，是一个死了的人
> 把你安葬。人们在临死的时候常常会
> 感觉愉快，给他们送终的人就说
> 这是回光返照。

大卫·休谟在《论悲剧》一文中，也讲到哀悼死者的人会暗暗有一点快乐的感觉。弗洛伊德甚而至于认定有一种死的本能，和性欲本能同样的原始

---

① 马格纳斯（Magnus）：《欧洲文学辞典》，1926 年，见《死亡》条。

而无所不在。从这些以及别的许多著名例证中，我们是否可以认为，甚至像死这样一个引起痛感的主题也包含着一点快感的萌芽呢？而且这样一种快感和常常伴随着忧郁产生的快感是颇为相似的呢？

二

以上关于对忧郁的崇拜和艺术中死亡主题的叙述，对于讨论痛感和快感的本质，倒是一篇有用的引言。那么，人们究竟为什么会喜爱那些公认为会给人痛感的形象和思想呢？忧郁怎么会成为风靡一时的情调呢？在文学艺术中，死的主题何以会这么经常出现呢？罗伯特·柏顿（Robert Burton）的巨著《忧郁的解剖》并没有回答这些问题，而我们转向近代心理学时，会颇为失望地发现，不仅风靡于伊丽莎白时代的英国，而且在浪漫主义运动中几乎整整一个世纪席卷全欧的忧郁情调，竟全然没有得到心理学家们的注意。讨论情感心理学的学者们往往局限于在其纯粹的基本状态中去考察快感和痛感。在我们的实际经验中，所谓"混杂情感"比纯痛感或纯快感要常见得多，也确实难于解释得多，然而我们正是应该在这类"混杂情感"中，去寻找解决一般情感问题的关键。关于"悲剧快感"，我们已经谈了很多，但关于快感本身的性质还没有讨论。现在我们就来弥补这个缺陷。

从前面一节列举的事实中可以作出两条结论：

1. 人们并不总是逃避痛感。

2. 痛感和快感并不是互相绝对不相容的。

这两条结论虽然表面上是以否定形式提出来的，但对于说明一般的情感心理，尤其是悲剧快感，却极为重要。现在我们就来分别加以说明。

情感与动念之间的关系一直是个悬而未决的问题。究竟是动念决定情感，还是情感决定动念？究竟是因为我们想要得到或者想避开某些事物，它们才显得能给人快感或者痛感，还是因为事物能给人快感，我们才想要，能给人痛感，我们才想避开？后一种看法代表着常识的观点，初看起来似乎是无可辩驳的。谁也不会怀疑，儿童喜欢吃糖是因为吃糖给他们以快感，他们

不愿用手去摸火，因为那会产生痛感。在心理学中，这种观点称为享乐主义
（hedonism），其基本原理可以用杰利米·边沁（Jeremy Bentham）下面这段话
来说明：

> 大自然把人类置于痛苦和快乐这两大主人的管辖之下。只有它
> 们才能指出我们应当做什么，并决定我们将做什么。与它们紧密相
> 关的，一方面是是非的标准，另一方面是因果的关系。它们支配着
> 我们所想、所说、所做的一切：我们想摆脱这种屈从局面的任何努
> 力，到头来都只会证明并更加巩固我们这种屈从的局面。①

享乐派理论构成功利主义的心理基础，并通过穆勒（Mill）、倍恩等人的
阐释而在英国极为盛行。它至今在学术界还颇有些影响。弗洛伊德派心理学
似乎也是把人总是追求快乐而躲避痛苦这一假定，作为自己的理论基础。

但是，在近几年中，与此相反的观点即动力论（hormic theory）②似乎逐
渐开始流行。这派理论可以用麦独孤教授（Prof.McDougall）下面这段话来
说明：

> 动力论认为动念（动作、注意、企求、欲望、意志以及各种活
> 动）都是直接由认识来决定的，而动念产生出来的痛感或快感都由
> 企求决定。当人的努力达到了预期的目的或在接近这个目的，就产
> 生快乐；当人的企求努力受到挫折或阻碍，不能达到或接近预期的
> 目的，就产生痛苦。③

---

① 杰利米·边沁：《道德与立法的原则》，第一章。
② 动力论，有时称为"唯生论"（vitalism），尼采的"酒神精神"就代表生命力。
③ 麦独孤：《心理学概论》，1928年，第267页。

这派理论虽然看来新奇,但事实上早在亚理斯多德那里已略具端倪,亚理斯多德曾指出,最大的快乐是"不受阻碍的活动"产生的结果。在近代,叔本华、哈特曼(Hartmann)和大多数苏格兰哲学家都持这样的观点。

我们并不想在这里详细讨论这派理论的各个方面,我们感兴趣的只是其中涉及忧郁问题以及最终涉及悲剧快感问题的地方。在我们看来,动力论似乎较为接近事物的本来面目。享乐派心理学是"感情误置"的一个例子,它假定事物在脱离开我们的兴趣和心理态度的情况下,本身就能给人快感或痛感。实际上,快感和痛感都是人的主观经验,都是我们的心理活动的情调。在一般情况下,事物与我们没有什么关系,只有当它们以某种方式与我们的兴趣相关,也即能唤起我们一定的心理态度时,它们才能给人以快乐或痛苦。这就取决于在那特定时刻,它们是与我们的心理态度相符还是相悖。快感是简单形式的满足,这就意味着满足某种欲望或意念趋向。痛感也是这样,任何引起痛感的东西都是挫折或妨碍我们的某种自然趋向。大家都知道,痛感和快感都不是恒定的,它们都会随我们的兴趣和态度不断改变。

让我们再回到忧郁的问题上。对忧郁的喜爱很难从享乐主义观点去加以解释。享乐主义者在决定自己的取舍之前,必须先知道什么东西能给人快乐或者痛苦。对于像失恋、离别、幻灭、不满现实、苦难、邪恶、死亡等等,他会说些什么呢?他会说这些东西本来就只能引起痛感吗?那么,按照享乐主义理论说来,这些东西就只会使我们反感,绝不会对我们有吸引力。然而正是这样一些东西常常使生性忧郁的人沉醉入迷。它们使他不由自主地沉思默想,这个事实显然与享乐主义原理是相悖的。也许享乐主义者会辩解说,有些人爱沉湎在忧郁的思想中,因为这些思想之中本来就有一种乐趣。但是,这和一般常识对失恋、苦难、死亡等的描述是完全不符的,我们不禁要问,享乐主义者划分给人快乐和给人痛苦的事物,究竟依据什么标准?我们并不否认忧郁之中可能有快乐,但问题在于忧郁中的快乐究竟是喜爱忧郁的原因,还是其结果?享乐主义者如果坚持自己的理论,就不得不说先有忧郁中的快乐，然后才有人喜爱忧郁，而这个结论既不符合严格的逻辑，也违背普通常理。

从动力心理学的观点出发，就比较容易分析和解释忧郁。依动力说，一切不受阻碍的活动都导致快乐，而一切受到阻碍的活动都导致痛苦。忧郁本身正是欲望受到阻碍或挫折的结果，所以一般都伴之以痛苦的情调。但沉湎于忧郁本身又是一种心理活动，它使郁积的能量得以畅然一泄，所以反过来又产生一种快乐。一切活动都可以看作生命力的表现，这种表现的成功或失败就决定伴随这些活动产生的情调的性质。当生命力成功地找到正当发泄的途径时，便产生快感。所以，任何一种情绪，甚至痛苦的情绪，只要能得到自由的表现，就都能够最终成为快乐。一个儿童大哭之后的破涕一笑，我们在感情激动之后体会到的平静和愉快，就是典型的例子。同样，任何一种情绪，甚至快乐的情绪，只要得不到自由的表现，就都可能最终成为痛苦。例如，强制地忍住不笑，或者极力保守一种秘密，都能引起痛感。我们所谓"表现"，主要是指本能冲动在筋肉活动和腺活动中得到自然宣泄，也就是说，像达尔文说"情感的表现"时那种意思；其次是指一种情绪在某种艺术形式中，通过文字、声音、色彩、线条等象征媒介得到体现，也就是说，是"艺术表现"的意思。一种情绪在被强烈地感觉到，也就是说，在它的能量被释放在适当的肉体活动中时，就已经表现了一半。当它外在化为具体的象征并传达给别人时，就得到了充分的表现。在本来的心理学意义上的表现和在艺术意义上的表现，都能够减轻心理的负担，给人以快乐。忧郁中的快乐正是表现的快乐，是让引起痛感的情绪畅快宣泄而不人为地去压抑它。让我们用失恋的情形来做例子。爱情意味着朝向一个目标的努力，即求得被爱者用爱情作回报。一旦得不到回报，爱的活动就受到阻碍，不能达到它的目标，于是它产生出给人痛苦的失望。在这种失望当中，生命力的发挥改变了方向，从朝向固定目标的努力变成沉思这一努力的失败。对痛苦的这类沉思是忧郁的一种，它使遭到阻滞的精力得以宣泄。主体虽然从外在方面看来似乎无能为力，但在精神上却是活跃的。这就可以解释为什么忧郁总是掺杂着一点快感在其中。通过变痛苦为快乐的这种微妙办法，人的心理总在努力恢复由于外力阻碍而失去的平衡。

忧郁情调的例子很清楚地说明，快感和痛感并不是互相绝不相容的。正如痛苦常常包含着快乐的萌芽那样，快乐也可能包含着痛苦的萌芽。济慈说过："就在我们欢笑的时候，某种烦恼的种子已经撒在世事变迁的广阔耕地上就在我们欢笑的时候，它在发芽、生长，忽然之间就会结出我们不得不采摘的有毒的苦果。"快乐和痛苦像善与恶一样，是互相关联的，都在互相的对立和比较中显出各自的特性。它们不仅互相产生，而且常常共同存在，以各种比例混合在一起。由于一般人都认为，一种意识活动的情调总是快乐的或者痛苦的，当两者达到平衡的时候，就会像酸和碱在溶液中一样互相中和，于是我们有责任把问题讲得更明白些。让我们以怜悯这种情绪为例。怜悯是纯快乐的，还是纯痛苦的？我们在第五章里已经分析过，怜悯由两种因素构成，即爱和惋惜感。由于它包含爱的成分，所以是快乐的，由于它包含惋惜的成分，所以又是痛苦的。设想一位母亲看护有病的孩子，她的情绪显然不能说是纯快乐的，因为她的爱已临近怜悯和焦虑；随着这些情绪的强烈，痛苦也越来越占据主要地位。去掉痛感的成分，怜悯就不成其为怜悯。甚至在怜悯成为一种审美感情时，它的主要成分中也仍然包含痛苦的因素。我们在第五章里已经说明，怜悯作为一种审美感情，和秀美感有关系。秀美的东西因为表现出温柔和爱，所以能引起我们的快感，但我们如果仔细分析我们的情绪，就可以看出其中有一点痛感的成分，那娇弱而易受伤害的样子使我们为之感到有些惋惜。恐惧是又一种带着混合情调的感情。对大多数人说来，它好像是一种纯粹痛苦的感情，但是，它也有它吸引人的地方。喜欢冒险的人并非真的"无所畏惧"，而只是喜欢冒险，喜欢品尝恐惧的滋味。恐惧成为一种强烈的刺激，唤起应付危急情境的非同寻常的大量生命力。它使心灵震惊而又充满蓬勃的生气，所以也包含着一点快乐。作为一种审美感情，它与崇高感是有关联的。我们在第五章里已经说明，崇高的事物在使我们屈服的同时带给我们快乐。恐惧中痛感的成分非常突出，使它往往接近于恐怖。

如果我们把这同样的分析分别应用于其他情绪，如愤怒、仇恨、忌妒、好奇、哀悼、离别之苦等等，我们就会得出相同的结论，即痛苦和快乐常常相混而形成一种混合情调，既非纯粹的痛苦，也非纯粹的快乐。混合情调是早在柏拉图的《斐利布斯篇》中就有的概念。沃尔格姆特博士（Dr. A.Wohlgemuth）等人进行的近代实验工作充分证明了它的存在。[①]它也是弗洛伊德的"矛盾心理"或"两极性"理论的基础。[②]例如，爱与恨并不像一般人认为的那样互相格格不入。弗洛伊德告诉我们，就像"特怖"那种情形，我们无意中会喜爱我们仇恨或恐惧的事物；又像"俄狄浦斯情意综"那种情形，我们也常常无意中恨我们所爱的事物。有些现代心理学家，例如爱瓦尔德·黑克尔（Ewald Hecker），认为在喜剧和笑里，快感和痛感也是互相掺杂，很像瘙痒时的情形。所以，我们完全可以设想一种混合着痛感并因而更为强烈的快感的存在，忧郁就是这样一种快感，我们还将证明，悲剧中的快感也是这种情形。

三

我们可以把以上所述的内容总结为下列几点：

1. 忧郁是一般诗中占主要成分的情调。

2. 忧郁情调来自对不愉快的事物的沉思，因为它是活动受到阻碍的结果，所以是痛苦的；但这种痛苦在被强烈地感觉到并得到充分表现时，又可以产生快乐。

3. 对忧郁的这种分析进一步证实了关于情感心理的动力论：快乐来自一切成功的活动，痛苦则是生命力在其离心活动进程中遭受阻碍的结果。消除这种阻碍则可以变痛苦为快乐。

---

① 沃尔格姆特：《快感与非快感》，载《英国心理学论文杂志》附刊第六期。

② 弗洛伊德：《图腾与特怖》。

4.快乐和痛苦并不互相中和；它们常常掺杂起来形成一种混合的情调。

悲剧的欣赏完全符合这几条总的原理。我们在第五章里已经说明，悲剧情感区别于纯粹的悲哀，因为它具有纯粹的悲哀所缺乏的鼓舞人心的振奋力量。但是，这并不是说在伟大的悲剧里没有一点哀伤或忧郁的情调。《被缚的普罗米修斯》中哀叹人在神面前渺小无力那首著名的合唱、哈姆雷特沉思"生存还是毁灭"那段独白，麦克白把人生视为痴人讲的故事那个比喻，以及别的许多脍炙人口的悲剧片段，都证明事实恰恰相反。悲剧中总是有一点悲观的音调，尽管这种音调可能被更突出的英雄主义和慷慨激昂的庄严音调压制，成为不引人注意的低音。悲剧快感中有一部分正是由于有这样一种悲观音调的存在，也正因为如此，我们在悲剧中体验到的就不是一种单纯的快感，而总是混合着一定程度的痛感。这种混合的情感多多少少有些类似沉湎于忧郁思绪的人感到的苦中之乐。当然，痛感不会一直存在，而是最终转化为快感，并增强在怜悯和恐惧以及在观赏形式的美当中获得的积极的快感。痛感向快感的这种转化，首先是由于痛感通过身体的活动得到缓和，痛苦在被感觉到的同时，郁积的能量也就随着产生器官和筋肉活动的冲动一起得到宣泄。这种转化也有艺术表现的原因：痛苦在具体化为艺术象征的同时，也就被艺术家的创造性想象所克服和转变了。它通过艺术的"距离化"而得到升华。痛苦的征服像丑的征服一样，都代表着艺术的最大胜利。它必然在我们心中引起一种昂扬的生产力感。阿贝克朗比教授（Prof.Abercrombie）说：

无论艺术中可能包含多少悲观主义的成分，伟大的艺术本身绝不可能是悲观的。例如，列奥巴迪有些诗作对生存的价值提出疑问，但甚至在它们怀疑的同时，生命在这样崇高的艺术中把握住了事物本性而取得伟大成就，也就使我们深深感到人生的胜利。

在伟大的悲剧杰作里，阿贝克朗比教授所谓"事物本性"的"把握"无疑比在列奥巴迪的诗或哈代的小说里更明显。悲剧化悲痛为欢乐，把悲观主义本身也变成一种昂扬的生命力感。这样的胜利本身就是快乐的一大源泉。

如果我们可以用数学方程式来表现已经得出的结果，那就可以说悲剧快感是怜悯和恐惧中积极的快感加上形式美的快感，再加上由于情绪的缓和或表现将痛苦变为怜悯和恐惧而得到的快感，最后得出的总和。当然，在这里还可以列入其他不重要的几项，不过以上各项已经列出了主要的因素。

我们表述的观点可以和前面一些有关而又不同的理论作一比较。丰丹纳尔（Fontenelle）是最早见出悲剧中痛感与快感紧密相关的人之一。[1] 他认为快感与痛感在起因上差别不大。例如，搔痒通常产生一种愉快的感觉，但如果用力过分，就可能引起痛感。因此，快感只是减弱的或者减轻的痛感。我们在悲剧中体验到的情感也与此大同小异，它主要是痛感，但这种痛感被戏剧的幻觉减弱而变成快感。丰丹纳尔写道：

> 在我们所看见的一切当中，归根结底总有一点虚构的意识。这种意识尽管微弱而且隐蔽起来，却已足够减弱我们看见自己喜爱的人受苦时感到的悲痛，把这种痛苦减少到很弱的程度，以致把它变为快乐。我们为自己喜欢的人物的不幸而哭泣。与此同时，我们又想到这一切都是虚构的，并用这想法来安慰自己。正是这种混合的感情形成一种悦人的哀伤，使眼泪带给我们快乐。

大卫·休谟在他论悲剧的有趣论文中，[2] 认为丰丹纳尔的观点很有道理，但还不完善。他接受了痛苦可以转变成快乐的观念，但却反对把这一转变说成是幻觉感造成的。他举出西塞罗讲演中关于维尔斯（Verres）残杀西西里俘房的动人描述为例。这一事件并非虚构，所以西塞罗在法官和听众当中唤

---

[1] 丰丹纳尔：《诗学的沉思》，1678 年，第 36 节。
[2] 休谟：《论悲剧》，1757 年，第 127—133 页。

起的深切的同情和满足不可能归因于虚幻感。在休谟看来，这是雄辩的效
力，而他所谓雄辩是指艺术表现的美。悲剧快感也主要由于雄辩的力量。怜
悯和恐惧总是比欢乐或满足更能打动人心。在心灵被怜悯和恐惧打动之后，
它就更能敏锐地感受诗的音乐和优美。在阅读悲剧或听到朗诵悲剧时，我们
也必定体验到痛苦。但这痛感却被艺术表现的美引起的快感所淹没了。休
谟说：

　　用这种办法，不仅忧郁情绪的不舒适感完全被更强烈的相反的
情绪所征服和消除，而且所有这些情绪的全部冲动都转变成快乐，
更加增强了雄辩在我们心中引起的欣悦之情。

　　休谟对待丰丹纳尔一再强调的幻觉概念，似乎不够公平。我们在第二章
已经说明，悲剧是"距离化"地再现生活，而舞台表演的虚构性无疑是"距
离化"的因素之一。的确，在审美观照达到迷狂的一刻，我们也许不会像丰
丹纳尔认为的那样，有意地注意到"这一切都是虚构"；但我们并不把悲剧
当成可以对我们个人的希望和担忧发生影响的生活现实，也是毫无疑问的。
悲剧好像在半空中飘动，而正是这种理想的性质减弱了现实生活中类似的不
幸和灾难通常会有的痛苦。休谟所谓"雄辩"正是另一个"距离化"因素。
说雄辩的效力加强了幻觉感，也许更符合实际情形，因为在实际生活中，悲
惨的事件是绝不可能在和谐的人为的艺术语言中得到表现的。休谟自己也意
识到了对悲惨事件采取"有距离的"观点和"没有距离的"观点是不一样
的，因为他曾在另一个地方说过："如果想象的活动不能高于情感的活动，
就会产生相反的结果。"例如，"维尔斯的耻辱、混乱和恐怖都毫无疑问随着
西塞罗崇高的雄辩而增强，他的痛苦和不安也是如此。"因此，雄辩要产生
效力，就不能允许实际的态度妨碍想象的发挥。在西塞罗演说的时候，维尔
斯的感情和其余听众的感情之所以不同，就在于法官和听众们不像维尔斯那
样与这件事有切身的关系，因而可以采取一种较超然的态度对待这件事，也

就是说，他们更能够多多少少把西塞罗对这场屠杀的描述当作虚构的故事或一幅画那样来欣赏。

休谟认为心灵一旦被怜悯和恐惧打动，就对艺术的作用更加敏感，这一观点表现出他心理学上的独特眼光，对我们理解悲剧快感也是极有价值的贡献。艺术欣赏基本上是一种情感经验，我们必须为之进行准备。在悲剧的"形式美"方面能发挥其最大效力之前，必须先使心灵具备适当的情感基调。悲剧比其他艺术效果更强烈，就是由于它通过激起两种最强烈的感情，使心灵达到极高的情感基调，从而使它最适于接受艺术的影响，欣赏声音与形象、比例与和谐等等。

在强调悲剧中快感和痛感的密切联系这一点上，丰丹纳尔和休谟都作出了贡献。但是，他们并没有解决这种联系的本质这个谜。首先，快感并不能像丰丹纳尔所说的那样，仅仅描述为减弱了的痛感。快感与痛感之间的差别不仅是量的差别，而且基本上是一个质的差别。痛感可以产生快感，但痛感只要还是痛感，就不是快感。此外，快感和痛感可以混合在一起，但混合的情感却有它自己的特征，既不等于减弱的痛感，也不等于增强的快感。其次，休谟认为痛感的冲动被转变来增强由雄辩引起的快乐，也同样是大可争论的。他自己承认，痛苦的情绪"完全被更强烈的相反的情绪所征服和消除"。他是否认定，在这一过程中，痛苦情绪的冲动就没有被同样地征服和消除呢？痛感一旦被征服和消除，也就不复存在，因而也就不是被转变成了快感。痛感的冲动和快感的冲动是互相对立的，怎么可能转变这个去加强另一个呢？

我们提出的是比以上两种都更简单的观点。痛苦在悲剧中被感觉到并得到表现，与此同时，它那郁积的能量就得到宣泄而缓和。这种郁积能量的缓和不仅意味着消除高强度的紧张，而且也是唤起一种生命力感，于是这就引起快感。这种由痛感转化而成的快感更加强悲剧中积极的快感，这种积极快感的原因一方面是悲剧的怜悯和恐惧，另一方面则是作为艺术品的剧作的美，如整一和适当的比例、声音与形象的和谐、性格描述的深刻真实等等。

第十章 —— "净化"与情绪的缓和

一

在前一章里，我们已经说明快感来自活动即生命力畅快的发挥；甚至给人痛感的情绪，只要能在身体的变化活动或在某种艺术形式中得到自然的表现，也能够产生快感。我们已说明的道理为我们奠定了基础，可以来探讨著名的关于悲剧净化的理论。

亚理斯多德认为，悲剧的作用是"激起怜悯和恐惧，从而导致这些情绪的净化"。① 我们在第五章里已讨论过悲剧中怜悯和恐惧的本质，现在要讨论的，只是颇为难解的"净化"（catharsis）一词。关于这个词的含义，众说纷纭，约翰·莫里（John Morley）在《论狄德罗》一书中指责这种没完没了的争论，认为这是"人类智力的耻辱，是难看的空谈无补的丰碑"。于是，继高乃依、莱辛、贝内斯（Bernays）等人之后的论者就处于一个两难的境地。他们究竟该置此问题于不顾，还是该在这"空谈无补的丰碑"上再去增添一砖一瓦呢？也许，我们仍然有一点理由来谈论这个古老的问题，

① 亚理斯多德：《诗学》，第六章。

亚理斯多德著作的评注家们大多主要限于讨论这一问题的语义学方面，他们主要关注的是这种或那种解释是否符合《诗学》原文的意思，是否能从亚理斯多德其他著作如《政治学》当中得到佐证，以及是否与希波克拉提斯（Hippocrates）、柏拉图和其他希腊学者使用这个词的含义一致。这种种努力当然都很有必要，但却并不完全。即使对这个问题的语义学方面详加讨论，作出了结论，我们仍然不知道赋予"净化"一词的含义是否有可靠的心理学的基础，也就是说，从心理学的角度看来，在什么意义上我们可以说悲剧的确能导致"净化"。后面这一点正是我们在本章中要加以解决的问题。

我们在此不必详述各派学者对"净化"一词提出的种种解释。大致说来，大家争论的中心在于：究竟应该把这个词看成从医学借来的比喻，意为"宣泄"，还是看成从宗教仪式借来的比喻，意为"涤罪"。高乃依和莱辛等较早的理论家都采取后一种解释。他们认为悲剧具有道德作用，它能涤除我们情感中不洁的成分，帮助我们形成合乎美德要求的思想意识。但是在下面这两个问题上，坚持这种解释的人又发生了意见分歧：

1. 被涤除的东西究竟是什么？

2. 悲剧怎样完成这样一种净化心灵的过程？

对第一个问题，已提出的答案有三种。据高乃依的观点，悲剧涤除的是悲剧中表现的所有情绪，包括愤怒、爱、野心、恨、忌妒等等。莱辛则认为亚理斯多德定义中的原文不是指悲剧表现的情绪，而是悲剧激起的情绪，即"怜悯和恐惧以及类似的情绪"，并以此为理由驳斥了高乃依的观点。但莱辛在这一点上似乎自相矛盾，他的论述常常暗示悲剧涤除我们心中的情绪，而不是涤除情绪中不洁的成分。[①]

在净化过程如何完成这一点上，意见的分歧甚至更大。据高乃依的看法，我们是因为害怕招致类似的灾祸，才去掉造成这类灾祸的有害情感。

① 莱辛：《汉堡剧评》，第48篇。

他说：

> 我们看见和自己一样的人遭到不幸而深感怜悯，并为自己可能
> 遭到同样的不幸而恐惧，这恐惧使我们想逃避不幸，我们亲眼看见
> 激情把我们怜悯的人推进不幸的深渊，于是想清洗、缓和、矫正，
> 甚至根除我们自己心中的这类情绪。①

莱辛把净化与调节等同起来。在实际生活中，人们体验到的怜悯和恐惧
不是太多，就是太少，而悲剧通过时常激起这两种情绪，可以把它们调节到
恰到好处的程度。他说：

> 悲剧对情绪的净化全在于把怜悯和恐惧转变为合于美德的思想
> 感情。而据亚理斯多德所说，每一种美德都在于中庸有度，在它的
> 两面都各是过度或不足的极端。悲剧如果把怜悯转变为美德，它就
> 必然能使我们完全摆脱怜悯的两个极端；对于恐惧，悲剧也必定能
> 起同样的作用。

还有一些人强调悲剧净化过程中艺术所起的作用。通过艺术表现以及剧
中表演的灾难的虚构性，悲剧能在我们心中激起不像现实生活中的怜悯和恐
惧那样痛苦、因而也是更纯粹的另一种怜悯和恐惧。这就是丰丹纳尔和巴多
（Batteaux）的观点。②

但是，以魏勒（Weil）和贝内斯为首的大多数现代学者，都抛弃了对
"净化"一词的道德论解释，而倾向于从医学的意义上去理解这个词，把这
个词解释为"宣泄"或"缓和"。他们举出亚理斯多德在《政治学》第八卷

---

① 高乃依：《论悲剧》，第 338 页。
② 见丰丹纳尔：《诗学的沉思》，第 36 节。

讨论音乐的净化作用一段作为例证。由于这是现存唯一一段亚理斯多德解释"净化"含义的文字，所以我们最好全文引出。亚理斯多德认为长笛只宜于吹奏"起到净化而非教育作用"的乐曲，然后进一步说：

> 像怜悯和恐惧或是狂热之类情绪虽然只在一部分人心里是很强烈的，一般人也多少有一些。有些人受宗教狂热支配时，一听到宗教的乐调，就卷入迷狂状态，随后就安静下来，仿佛受到了一种治疗和净化。这种情形当然也适用于受怜悯恐惧以及其他类似情绪影响的人。某些人特别容易受某种情绪的影响，他们也可以在不同程度上受到音乐的激动，受到净化，因而心里感到一种轻松舒畅的快感。因此，具有净化作用的歌曲可以产生一种无害的快感。①

贝内斯等人把《政治学》这一段中所谈到的净化借用来说明《诗学》中悲剧的定义。正像音乐可以净化宗教狂热一样，悲剧也可以净化怜悯和恐惧。但这种净化的本质究竟是什么呢？在这一点上又是众说纷纭。贝内斯把它局限为简单的情绪缓和的概念，说这是过量情感的一次愉快的发泄。据说在古希腊医学中，"净化"是指放血或用泻药治病的专门术语。例如，身体里有几种体液，如果郁积过多，就会产生病害，但可以用医药办法驱除过量的体液。怜悯和恐惧的净化也与此相似。巴依瓦脱这样描述净化过程：

> 怜悯和恐惧是人性中的成分，但在有些人身上它们多到不适当的程度。这些人尤其有必要体验悲剧的激情，但在一定意义上说来，悲剧激情对一切人都是有好处的。它的作用好像一剂良药，可以产生净化，使心灵减少和缓和郁积在心中的情绪；由于人需要缓

---

① 亚理斯多德：《政治学》，第八卷。

和，所以伴随着缓和过程总有一种无害的快感。[①]

布乔尔试图把涤罪和宣泄这两种概念结合起来。怜悯和恐惧的情绪不仅被缓和，而且被涤除了其中痛感的成分。布乔尔写道：

> 在希波克拉提斯的医学语言中，净化严格说来是指从身体里除掉引起病痛的成分，从而纯化其余部分。应用到悲剧上时，我们就看出现实生活中感到的怜悯和恐惧含有不健康的致病成分。在悲剧激起怜悯和恐惧的过程中，这类情绪得到缓和而且涤除了其中的致病成分。随着悲剧情节的推进，心中先是发生一阵骚乱，然后又平静下来，低等形式的情绪也被转变成更高等而且更纯粹的形式。现实的怜悯和恐惧中的痛感成分被涤除了；这些情绪本身也得到了净化。[②]

二

在关于悲剧净化问题的各种理论中，有三个概念是非常突出的：

1. 悲剧可以导致情绪的缓和，使怜悯和恐惧得到无害而且愉快的宣泄。

2. 悲剧可以消除怜悯和恐惧中引起痛感的成分。

3. 悲剧通过经常激起怜悯和恐惧，可以从量上减少怜悯和恐惧的力量。

这三个概念与现代弗洛伊德派心理学很明显地相似。但我们在下一节里再谈弗洛伊德派对净化的观点，现在只从普通心理学观点来考察一下这三个概念。

让我们先来看情绪缓和的概念。

首先，什么叫情绪？似乎大多数现代心理学家都一致认为，情绪与本能

---

① 巴依瓦脱：《亚理斯多德论诗艺》，第155页。

② 布乔尔：《亚理斯多德的诗歌理论》，第253—254页。

密切相关。起一种情绪时，必定有一种对应的本能同时在起作用。例如一个人突然瞥见一只老虎，迫近的危险引动他逃跑的本能冲动，而他内心则经历着恐惧的情绪。一切情绪都伴随着一定的筋肉和器官的变动，如四肢的活动、呼吸、血循环和腺分泌的改变等等。这类变动通常被称为情绪的"表现"。它们是身体对由环境所决定的本能活动作出的适应性变化。譬如在恐惧的情形下，逃跑的本能活动表现为快速跑动，以及使跑动更有效的内脏器官的相应变化。意识到这种身体的变动无疑会影响情绪的性质，但是却并不像詹姆斯和朗吉（Lange）认为的那样，构成那种情绪的总和；因为在筋肉和器官的感觉之上，主体还能意识到动力的成分，即麦独孤教授所谓"通过各种手段朝向一个目标的不懈努力"。那么，所谓情绪，再用麦独孤教授的话来说，就是"本能冲动起作用的标志"。[①]

　　情绪的一般性质就是这样。所谓"情绪的缓和"又是什么呢？每种本能都可以看成是潜在能量的积蓄，在它被引动时，这些潜在能量就激发某种冲动并变为各种筋肉活动。在主体这方面，本能冲动以及与之相应的筋肉活动等全部变化，都是作为情绪被感觉到的。我们说情绪得到"缓和"，其实就是指本能的潜在能量得到了适当的宣泄。因此，情绪的缓和不过是情绪的表现。情绪并不总是能得到表现，本能冲动有时会被相反的冲动抑制，或者被社会力量武断地压抑。例如，一个文明人并不总是能用哭泣来表现悲伤，用笑来表现欢乐。本能冲动被压抑后，其潜在能量就会郁积起来，以致对心灵造成一种痛苦的压力。在较严重的情况下，压抑有可能引起各种精神病症。但是，压抑力量一旦被除掉，郁积的能量就可能畅快地排出，在各种筋肉活动中得到适当宣泄。其结果由于是紧张状态的缓和，所以是一种快感。

　　在情绪表现的意义上来理解"情绪的缓和"，已是一种定论，并已为诗人和艺术家们普遍承认。欧里庇得斯的《美狄亚》中的合唱曲有这样几行：

---

① 麦独孤：《心理学概论》，第 325 页。

> 难道就没有人用一支歌
>
> 或者用急管繁弦的音乐
>
> 来抚慰深沉的黑暗和灾难、
>
> 那使人心碎的夭亡和痛苦？ [1]

同样的思想是近代诗人们一再重复的。斯宾塞警告我们，不要压抑感情：

> 说出悲哀吧：无言的痛苦
>
> 向心儿微语，要它破碎。 [2]

另一方面，华兹华斯又讲到情绪缓和的快乐：

> 痛苦的思绪向我袭来，
>
> 及时抒发减少了悲哀，
>
> 使我平静。 [3]

罗伯特·柏顿承认自己写书论忧郁，正是为了逃避忧郁。凯贝尔（Keble）谈到"诗的治愈力"（vis medica poetica）："毫无疑问，诗的一个最终原因就是：对许许多多人说来，它可以抒发怨愤，使他们不致疯狂。" [4] 拜伦也写道：诗歌是"想象力的熔岩，它的爆发避免了地震。人们说诗人从来不会发狂或很少发狂，……但他们往往几乎要发狂，所以我不得不认为，诗

---

① 欧里庇得斯：《美狄亚》，第 190 行。

② 斯宾塞：《仙后》，第二部，第一节，第 46 行。

③ 华兹华斯：《不朽的幻象》。

④ 约翰·凯贝尔：《历史和批评论文集》。

的用处正在于预见到并防止人混乱疯狂。"[1]别的许多作家也说过类似的话，但上面所引就足以证明情绪缓和的概念在诗人当中是何等流行。这样广泛被人接受的概念自然是不无道理的。

上面所引各例一般称为艺术表现。艺术表现归根结底应该被看成一种情绪表现，就像哭、笑、发抖、脸红等等一样。但艺术表现不仅仅是郁积能量的宣泄，而且还有别的因素，那就是同感。艺术不仅表现艺术家的主观感受，而且要传达这种感受。情感一旦传达出来，就被大众分享，这种同感的反应对情感本身也会起作用。人们说："快乐有人分享，是更大的快乐，而痛苦有人分担，就可以减轻痛苦。"艺术表现像教徒的祈祷和忏悔一样，有双重的作用：它既是减轻心上的负担，也是吁请同情。后一种快乐可以大大增加前一种快乐。我们可以说，情绪不仅得到表现，而且被别人分享时，便是得到了双重的缓和。

情绪缓和的本质就是这样。那么，在多大程度上我们可以说悲剧能造成情绪的缓和呢？要弄清楚这个问题，最重要的是必须记住，怜悯和恐惧像其他各种情绪一样，不是心中随时存在的具体事物，而是心理作用。它们只有在某种客观事物刺激之下才会出现。它们在刺激产生之前和之后都不存在。在刺激产生之前，它们只是本能的潜在性质，这类潜在性质在适当时候可以使人产生一定的情绪。例如，怜悯只有在面对着值得怜悯的对象时，才会产生，恐惧也是一样。怜悯和恐惧总要有对象，在没有什么值得怜悯或恐惧的时候，说怜悯和恐惧就毫无意义了。

显然，当我们说悲剧"激起怜悯和恐惧，从而导致这些情绪的净化"时，这里的怜悯和恐惧只能是看见悲剧场面时激起的怜悯和恐惧；更确切地说，得到宣泄的只能是与怜悯和恐惧这两种情绪相对应的本能潜在的能量。情绪本身并没有宣泄，而是得到了表现，或只是被感觉到了。于是，亚理斯多德那段有名的话就等于说：悲剧激起怜悯和恐惧，从而导致与这些情绪相

---

[1] 拜伦：《书信集》，普列斯柯特引，第272页。

对应的本能潜在能量的宣泄。在这个意义上说来，认为悲剧是情绪缓和的一种手段无疑是正确的。悲剧比别的任何文学形式更能表现杰出人物在生命最重要关头的最动人的生活。它也比别的任何文艺形式更能使我们感动。它唤起我们最大量的生命能量，并使之得到充分的宣泄。它使我们能在两三个小时里，深切体验到在现实生活中不可能体验的强烈情感的生活。它是最使人激动的经验，而我们的快感的最大来源也在于此。在剧院里，我们的合群本能得到满足，也增强这种审美快感。艺术表现，正如我们所说，是呼吁同情。不仅艺术家和观众之间有感情的交流，在观众与观众之间也有感情的交流。能找到别人分享自己对同一对象感到的快乐，永远是一种更大的快乐。在看戏时，鼓掌得不到其他观众的响应，自己的快乐也会受影响。假设一出最动人的悲剧在一个大剧场里对着一名观众表演，无论演员们多么卖力，那个观众看到周围全是空椅子，没有一个人和他一起共同欣赏，也一定会深感遗憾。一般人上剧院不仅为了体验情感的激动，也为了和同胞们共同体验这种激动。因此，悲剧中情绪的缓和不仅是自己感到情绪，而且是和别人分享自己的情绪，从而导致紧张状态的松弛。

大多数心理学家都可能接受上述有关情绪缓和所说的内容，但亚理斯多德《诗学》的评注者们往往不止于此。他们认为，怜悯和恐惧这类情绪是在悲剧的刺激之前就存在的独立实体，它们被这种刺激"涤除"或"净化"，在刺激之后仍然作为独立实体存在，只是取更纯的形式。他们把怜悯和恐惧与致病的体液相比，又把它们与希腊人所谓"迷狂"那种特殊的精神病相比。布乔尔写道："人为激起的怜悯和恐惧可以驱除我们从现实生活中带来的潜在的怜悯和恐惧，或至少驱除其中不健康的成分。"[1]以为情绪是实体，是像脏衣服一样可以洗涤的东西，这种观念是根本错误的。这是陈旧的"官能心理学"的遗迹，这种心理学把一切能动的心理过程都描述为静止的实体或事物。按照这种观点，悲剧可以清除情绪中引起痛感的病态成分。现在让

---

[1] 布乔尔：《亚理斯多德的诗歌理论》，第 246 页。

我们根据现代心理学理论来进一步考察这个概念。

情绪的性质一部分由人的素质决定，另一部分由产生这种情绪的环境决定。让我们先来看看环境因素。属于同一类的情绪常常随环境而不同。例如，昨天我看见一只虎时感到的恐惧，就可能和今天我担心自己得了流行性感冒时感到的恐惧不尽相同，尽管在两种情况下，本能的素质差不多是一样的。不能说我今天的恐惧是我昨天的恐惧的变化形式，它们是同样的本能素质在两种不同情况下以两种不同方式在起作用。悲剧中的恐惧和现实生活中的恐惧是在完全不同的条件下激起的，所以差别更大。一种的特点是具有审美的超然性，另一种的特点却是唤起直接的实际反应。我对一个可怜的乞丐感到的怜悯和对一条蛇感到的恐惧，绝不可能因为今天我看《奥瑟罗》或《费德尔》感到了怜悯和恐惧而与昨天的寻常形式有什么不同变化。卢梭所举那个关于苏拉和菲里斯的暴君的著名例子（见第三章第三节）证明悲剧中的怜悯和恐惧与现实生活中的怜悯和恐惧并没有必然联系。

我们可以认为，当亚理斯多德的评注家们谈论怜悯和恐惧这两种情绪时，他们其实谈的是对应于这些情绪的本能素质，虽然不能说怜悯和恐惧在激动过程中被涤除了引起痛感的或致病的成分，但与此对应的本能素质却可以说得到了净化。然而，即使考虑到心理学术语的不够严密而不作苛求，去掉不健康成分即"受现实事物刺激而进入怜悯和恐惧中的痛感"，[1] 这样的净化概念仍然很成问题。首先，快乐和痛苦本身也并不是随时存在于精神中的实体，而是感觉、意志和感情这类心理活动的情调。它们的本质在于只有在意识中才被感知。内在的素质潜在地处于意识水平之下时，还不能说是痛苦或是快乐的。因此，我们不能认为痛苦是怜悯和恐惧的本能素质中固有的。认为痛苦虽在感知前并不存在，但怜悯和恐惧的本能素质中可能有致病成分构成痛苦的潜在来源，这也无济于事。各种本能素质都是由于生物学上的实用意义在长期进化过程中逐渐获得的。它们是全人类都具有的，只是人与人

---

[1] 布乔尔：《亚理斯多德的诗歌理论》，第247页。

之间有极微小的差异，也就是说，它们是正常人的心理资质。如果说它们在个别人身上呈病态形式，这种病例毕竟是罕见的，在悲剧的科学定义中完全可以忽略不计。无论在古代希腊或在近代欧洲，悲剧都不是疯子和狂人的治疗手段，而是正常人的公共娱乐。亚理斯多德一向重视基本情况和偶然情况之间的区别，他当然决不会在悲剧定义中引入一个不是某一类人（在这里是所有悲剧观众）所共有的属性。

其次，有人认为悲剧的怜悯和恐惧之得到净化，是因为它们被虚构的灾难激起，并不含有痛感。我们已经一再指明，怜悯和恐惧是具有混合情调的情绪，既有快感，也有痛感。它们之所以成其为怜悯和恐惧，正在于具有这种混合情调。如果去掉这些情绪中的痛感成分，剩下来的就不再是怜悯和恐惧，而是完全不同的别的情绪。怜悯必然包含一种惋惜感，恐惧必然包含一种危机感，所以全然没有痛感的怜悯和恐惧是不可想象的。

认为悲剧净化是完全涤除或在量上减少怜悯和恐惧，这种概念是和弥尔顿、莱辛等大诗人的名字联系在一起的。这种概念虽然避免了假设没有痛感的怜悯和恐惧这个难题，却并不更合道理。本能和情绪都是从我们的祖先那里继承下来的，千百年来很少有什么变化。难道在剧院里仅仅两三个小时被虚构的情节所激动，就能把它们全部除掉或部分地减少吗？此外，人们都普遍承认事物总是熟能生巧，一种机能经常得到锻炼，就会更加发展和增强。没有任何理由认为怜悯和恐惧会是例外。伽利特先生说得好，这两种情绪并不是"越用越少的积蓄，而是正像柏拉图也知道的那样，越练越强的能力"。①

三

近来常有人从弗洛伊德派心理学的观点出发解释悲剧的净化作用。普列斯柯特教授（Prof.Prescott）的《诗的心理》一书，就是以弗洛伊德关于隐意

___

① 伽利特：《美的理论》，第 67 页。

识愿望的学说为基础，探讨诗的创作和欣赏活动。他在书中认为，净化不仅是悲剧的，而且是一般诗的作用。他写道：

> 伴随着情节的虚构而产生的，是情感的真实，而在这一切背后是根本的欲望。诗的激情至多是平常心绪的紊乱，当它从被压抑的强烈情感中产生时，就成为诗的疯狂一种威胁心灵平静的状态，而诗的净化作用可以把它减轻。[1]

鲍都文先生（M.Baudouin）也执同样见解。他说："精神分析学为亚理斯多德早就提出的一个观念，即净化观念，提供了出色而意料不到的证明。"[2]甚至对弗洛伊德学说好像并不热心的狄克逊教授也承认，净化观念能引起我们的兴趣，是"因为它已经预示了强调受压抑欲望的危险性这类现代心理学观念"。[3]

有一些情况似乎能说明，把亚理斯多德净化说与弗洛伊德心理学联系起来是不无道理的。首先，魏勒、贝尔内及其一派学者的著作中，有很大部分都十分接近把艺术看成隐意识愿望的升华这种弗洛伊德派的观点。强调给情绪以宣泄机会的必要性，承认郁积的情绪像致病体液一样能导致精神病，似乎已露出了弗洛伊德派压抑概念的端倪。他们承认净化是"对灵魂起治疗作用，就像药物对肉体起作用一样"。净化是被抑制的情绪的"缓和性宣泄"，可以使精神恢复平静。这种种思想和弗洛伊德的思想显然是一致的。其次，弗洛伊德本人常常把他探索隐意识深处的特殊方法称为"净化疗法"。正是这种"净化疗法"的发现掀起了精神分析运动。弗洛伊德不厌其烦地讲过他的同事勃洛尔医生（Dr.Breuer）如何治好一个患癔病的年轻姑娘的故事，

---

[1] 普列斯柯特：《诗的心理》，第 260—277 页。

[2] 鲍都文：《艺术心理学》，1929 年，第 200—208 页。

[3] 狄克逊：《论悲剧》，第 118 页。

勃洛尔让这位姑娘恢复已经失去的记忆，不用抑制感情而重新唤起形成病因的一幕幕往事的情景。弗洛伊德用"净化疗法"来解释这个病例的道理。他说：

> 按照那种假说，癔病症状的产生是由于心理进程的能量被阻碍而不能受意识影响，并被转移到身体的各部神经之中（"转化过程"）。这样，一个癔病症状就成为一个未实行的心理行动的替代，以及对本可以导致那个行动的偶因之回忆的替代。根据这种观点，走入迷途的情感的解放和沿着正常途径的发泄，就可以引向精神正常状态的恢复（"发泄"）。[①]

弗洛伊德所谓"情感的解放和发泄"显然类似于贝内斯所谓怜悯和恐惧的"缓和性宣泄"。弗洛伊德在最终确定"精神分析"这一术语之前，就已使用过"净化疗法"一词，他又喜欢用希腊神话和希腊悲剧中一些人物，如"俄狄浦斯""厄勒克特拉""普罗米修斯"等等，象征一定的"情意综"，由此种种，我们不妨设想，弗洛伊德的心理学理论大概有许多地方得益于早在他写作之前诗学界就已热烈进行的关于悲剧净化作用的讨论。

我们不必在此对弗洛伊德派心理学进行一般的讨论，而只考察像普列斯柯特、鲍都文等人对亚理斯多德所用的"净化"一词作弗洛伊德派的解释，究竟有多少道理。为了清楚起见，我们把问题的两个不同方面分开来讲：先讲受到净化作用的对象，再讲完成净化作用的方法。

在讨论受到净化作用的对象时，应当明确区分悲剧所表现的情绪和悲剧激起的情绪。我们在本章第一节已经看到，莱辛早已指出了这一区别。悲剧表现的情绪是悲剧人物感到的，而悲剧激起的情绪则是观众感到的。的确，观众可以同情地分享剧中人的情绪，但除此而外，他们还可以感到明确地属

---

① 见弗洛伊德为第十四版《大英百科全书》撰写的条目《精神分析学》。

于审美范畴的情绪，在悲剧中感到的，正如我们已经说明的那样，是怜悯和恐惧。例如，悲剧《奥瑟罗》表现的情感是忌妒和悔恨，但你看这出悲剧时剧中主人公感到的情绪却是怜悯和恐惧。几乎所有现代学者都一致认为，悲剧中受到净化作用的情绪是怜悯和恐惧，而不是像爱、忌妒、野心等被表现的情绪。但是，当弗洛伊德派学者谈论净化或升华时，他们所想的并不是激起的情绪，而是表现的情绪。他们把"俄狄浦斯情意综"（Oedipus-complex）作为一个关键性概念，尝试用它来分析一切悲剧。他们到处去发现儿子对母亲的乱伦的情欲和对父亲的忌妒和仇恨。有时父亲的形象变成暴君，如在《被缚的普罗米修斯》中，那个剧里被窃的天火据说代表性的能力（K. 亚伯拉姆：《梦与神话》）。席勒的《堂卡洛斯》和《威廉·退尔》也是如此（奥托·兰克：《诗和传说中的乱伦主题》）。有时，父与子的冲突换成兄弟之间的冲突，如拉辛的《布里塔尼居斯》和席勒的《麦西纳的新娘》（奥托·兰克），在后面这出剧里，母亲还被换成了妹妹。厄内斯特·琼斯（Ernest Jones）在他的论文《哈姆雷特问题与俄狄浦斯情意综》中，对莎士比亚的名剧作了一番极巧妙的精神分析学研究。她认为克罗迪斯和哈姆雷特都表现出俄狄浦斯情意综。克罗迪斯杀死自己的兄长（其实就是改头换面的父亲），娶了嫂嫂（其实就是改头换面的母亲）为妻。所以，他使自己的愿望以曲折的方式得到了满足。他的成功激起了年轻的哈姆雷特心中的俄狄浦斯情意综，哈姆雷特爱恋他的母亲，所以恨克罗迪斯（现在克罗迪斯又成了改头换面的父亲）。父亲和儿子都可以由不同的几个人分别代表。在《哈姆雷特》中，父亲的形象先是老哈姆雷特，然后是克罗迪斯，最后又是波乐纽斯代表的，波乐纽斯有一套处世哲学，喜欢滔滔不绝地说教，这些都是做父亲的长辈的特点。这三个人都被牺牲来满足一个隐秘的愿望。儿子的形象不仅由哈姆雷特，也由莱阿替斯和福丁布拉斯代表。和哈姆雷特不同之处在于，莱阿替斯和福丁布拉斯并没有受到抑制而失去行动能力。

我们不敢说完全懂得这些奇特新颖的理论，不过有一点是清楚的：它们都是从同一条基本原则出发，把悲剧看成像梦一样，代表满足隐意识愿望的一种曲折方式。我们大家心上都有俄狄浦斯情意综的沉重负担，悲剧可以解放和宣泄附丽于这种情意综的能量，即弗洛伊德派学者通常所谓"来比多"（libido）。例如，克罗迪斯和波乐纽斯之死不仅是哈姆雷特意愿的满足，也是给我们以满足，因为这两个人不仅对哈姆雷特，而且对我们说来，也是父亲的象征。在我们的意识中看来好像是悲剧结局，对我们的隐意识心理说来却实在是幸福的结尾。在这里可以指出，这种意义上的净化，即"来比多"的解放和宣泄，肯定不是亚理斯多德及其评注家们所说那种净化，因为他们无疑只把怜悯和恐惧看成净化作用的对象。

弗洛伊德派所理解的完成净化作用的方式，是我们要考虑的另一个问题。首先是压抑概念。在净化过程中得到解放的总是曾受压抑的东西。没有压抑，也就不会有净化的要求。压抑不仅仅是某种本能和情绪得不到自由表现，而且还意味着一个"愿望"，即一个思想及其"情感"，脱离开意识，隐藏在隐意识里。弗洛伊德派意义上的净化，主要是指一种情绪或本能力量即"情感"的宣泄，这种"情感"以及它所附丽的某种不可忍受的思想，是一直受到压抑的。其次是移置作用和假装的概念。不健康的思想总是受到意识影响的压抑，它便不可能以原来的面目出现。为了躲避警惕的"稽查者"，它不得不改头换面，取假装即象征的形式。因此，悲剧往往是一种受压抑意愿的假装形式。例如，《哈姆雷特》只是"显现内容"，而它的"潜伏意义"则是俄狄浦斯情意综，即对母亲的乱伦的恋爱和对父亲的忌妒。由于这类原始倾向不容于道德和宗教，所以一直被压抑在隐意识的深渊里。但是，附丽于这类倾向的"情感"却移置到哈姆雷特的故事上，这个故事从道德观点看来并没有什么害处，于是可以成为被压抑的那些本来的观念的替代物。通过这种曲折的方式，"情感"就在另一种渠道里得到宣泄。在这个意义上理解的悲剧净化，就是被压抑的观念的"情感"通过移置到另一个无害的观念上而得到解放和宣泄。弗洛伊德派学者们正当地把压抑和移置作用这两个概念宣布为他们最独特的贡献。这两个概念的确不是亚理斯多德提出来，也不是他的评注家们提出来的。

弗洛伊德派的净化理论有它自己的特别含义，它和亚理斯多德的悲剧净化观念之间，除了认为不应武断地压制感情，而合理地放纵感情有益于心理健康这类基本原则之外，再没有什么共同之处。可是这些基本原则却既不是亚理斯多德的专利品，也不是弗洛伊德派所独有的，它们是几乎尽人皆知的老生常谈。用弗洛伊德派的意义来解释亚理斯多德使用的"净化"一词，显然没有什么道理。

我们还没有讨论，弗洛伊德派的净化理论应用于悲剧是否有它本身的意义。我们已经明白，这一派理论的独特性主要在于压抑概念和移置概念。这两个概念都来源于神经病症的研究，在应用于神经病例时，也许是能起作用的有用假说。但神经病例毕竟是少数，而弗洛伊德把一种本来只用于解释某些病症的理论普遍应用于人类全体时，实际上就把我们大家都当成了疯子。他的意思似乎是说：人类集体地害着一种隐秘的精神病，这是一种原罪，文明愈进步，罪责的负担也愈沉重。这样一种悲观思想绝难为一般常识所接受，然而科学真理和常识并不总是协调一致的。因此，要驳倒弗洛伊德派的理论，还须作更有分量的论证。批判整个弗洛伊德体系并不是我们这篇论文的任务，好在这件事已经由耶勒先生（M.Janet）在《心理疗法》一书中、麦独孤教授在《变态心理学纲要》一书中，以及别的许多杰出心理学家们做过了。在这里我们只提出以前批评弗洛伊德的人没有提出过的一点意见，也是对于悲剧快感问题特别重要的一点。

弗洛伊德把隐意识理解为一个独立实体，或各方面与意识生活相似的人格。它有自己的"愿望"，它能够编造各种各样的幻想，它在自己黑暗的囚室里往往感到很不舒服，并寻找一切机会偷偷闯进意识领域的禁区里去。因此，隐意识能够具备意识的全部三种基本功能：认识、动力和情感。它从不懈怠，总是随时发挥这三种功能，所以附丽于本能素质的生命能量，随时在激发隐意识冲动的同时得以发泄。这种生命能量的释放本身就是一种缓和，也没有任何理由认为这种缓和不是伴随着产生快乐的情调当然只是对隐意识心理说来的快乐。这个隐意识快乐的概念并不比隐意识观念或隐意识愿望的概念更荒唐。我们认为，弗洛伊德派心理学的根本困难在于：它实际上认为愿望是在隐意识中得到满足，而满足的快感又是在意识中感知的。如果仅仅局限于悲剧范畴之内，就可以说一切悲剧都来源于俄狄浦斯情意综，都满足我们隐意识的乱伦欲念。就算是这样，这样的满足也显然只能在隐意识中进行，因为一般人在欣赏《俄狄浦斯王》或《哈姆雷特》这类悲剧时，绝不会觉得有任何乱伦欲念的满足。这一点，也许弗洛伊德派的学者们也是承认的。但一般人在观看一出好的悲剧时，的确感到极大快乐，也就是说，虽然他们不觉得有什么欲念的满足，却能意识到满足的快乐。我们不禁要问：为什么隐意识要那么辛辛苦苦，把好处都留给意识呢？在普通语言里，欲念的满足就是体验到一种快乐。说欲念得到满足，但主体（在这里是隐意识的人格）并不感到满意，岂不是奇谈吗？然而全部弗洛伊德学说要说明的，正是这个意思。

当一般观众内省自己看悲剧时的意识经验时，就会发现自己感到了满足和快乐。如果他进一步追究快乐的原因，就会发现他之所以感到快乐，首先是因为他经历了最激动的时刻，用心理学语言来表述就是：悲剧快感就是情绪缓和的快感。他还会发现，他也由于作品的艺术性而感到满足，包括作品形象和音乐的美、情节的巧妙进展、细致的人物刻画以及整个构思的深刻道理。艺术的形式美方面完全被弗洛伊德派忽略了，他们不懂得，诗绝不只是支离破碎的梦或者捉摸不定的幻想，他们也没有看到，隐意识的本性固然要求愿望应当以象征形式得到表现，却不一定要求以美的形式去表现。他们在艺术与生活之间并没有留下任何"距离"。悲剧的欣赏正像吃、喝或者婚姻一样，只成为一种实际要求的满足。如果按照逻辑推演下去，弗洛伊德派心理学会把一切审美经验从人类生活中排除掉。无论多么高尚和崇高的艺术，都会成为仅仅满足低等本能要求的手段。这样一种艺术观如果不是完全错误，也至少是片面和夸大的。

总结起来说，"净化"一词不能理解为隐意识愿望的满足。净化只是情绪的缓和，这是一个更简单也更合乎实际的看法，是一个被弗洛伊德派理论所暗示、却不是它所独有的概念。被净化的情绪是怜悯和恐惧，这是悲剧激起的情绪，却不一定是悲剧所表现的情绪。怜悯和恐惧的主要成分中都包含痛感。净化过程并不像大多数亚理斯多德的评注家们都认为的那样，涤除了这一痛感成分或减少了它的力量，以便使净化后的怜悯和恐惧能取比在现实生活中更为纯粹的形式；因为悲剧的怜悯和恐惧与现实生活中的怜悯和恐惧属于两类不同的经验，而且本能素质也不像主张涤除说的人们所认为的那样容易改变，对于人类的大多数说来，不可说怜悯和恐惧必然含有某种病态的成分，所以也就不能在严格的医学意义上来理解净化的含义。如果亚理斯多德用这个词不仅指单纯的情绪缓和，那么只能说他犯了一个错误。

第十一章 —— **悲剧与生命力感**

一

在进一步探讨之前，我们可以先略为回顾一下前面两章已经论述过的内容。从快乐来自不受阻碍的活动这一普通的生命力原理出发，我们得出结论是：甚至痛苦也可以成为快乐的一个源泉，只要它能在某种身体活动或艺术创造中得到自由的表现。我们论证了悲剧快感中有一部分正是痛感通过表现而转化成的快感。"表现"就是"缓和"，亚理斯多德所说的"净化"也不过是情绪的缓和。悲剧激起而且缓和的情绪，正是我们在第五章里所说那种意义上的怜悯和恐惧。按照我们的分析，这些情绪都有一种混合情调，既有积极的快感，也有痛感的成分，而这痛感成分一旦被感觉到和表现出来，就会产生缓和的快感，增强由悲剧的怜悯和恐惧以及由艺术引起的积极快感。

这样一种观点可以说是"活力论"（vitalism）观点。这种观点把生命理解为它自身的原因和目的。它是自身的原因，因为从静的方面看来，它是各派所说的力量、能量、"内驱力""求生意志""活力"或者"来比多"（libido）；正是这种力量推动生命前进。生命又是它自身的目的，因为从动的方面看来，它不断地实现自我、不断变化地行动，如意志、努力、动作之类活动。

生命的力量迫使一切生物都走向维持生命这个相同的目的。生命体现在活动中，而生命的目的则是在活动中得到自我实现。情绪就是生命在活动中实现自己的努力成功或失败的标记：在努力未受阻碍时就产生快感，受到阻挠时就产生痛感。

这种观点并没有什么新奇。从亚理斯多德到柏格森，从德里什到麦独孤，这种观点由各时代的学者们以种种方式一再重复过。由于它无所不包，所以相当含混。在应用到悲剧上时，这种观点引出了无数理论，这些理论虽然都以同样的生命力论为基础，但却各自强调某一方面，得出彼此很不相同的结论。在本章里，我们打算考察这类理论中的某几种，并努力得出关于悲剧欣赏中生命力感的一个更为准确的概念。

我们从最简单的一种，即杜博斯神父（Abbé Dubos）的观点开始。这位《关于诗与画的批判思考》的作者写道：

> 灵魂和肉体一样有它自己的需要，而它最大的需要之一就是精神要有所寄托（要有事干）。正是这种寄托的需要可以说明人们为什么从激情中得到快乐，激情固然有时使人痛苦，但没有激情的生活却更使人痛苦。[①]

对于人的精神说来，最可厌的莫过于无所事事的时候那种懒散无聊的状态。为了摆脱这种痛苦的局面，精神会去追求各种娱乐和消遣：游戏、赌博、看展览，甚至看处决犯人。任何使精神能够专注而有所寄托的东西，哪怕本来是引起痛感的，都比懒散无聊、昏昏懵懵的状态好。悲剧正因为能满足使精神有所寄托的需要，所以能给人以快感。

这种理论显然很有些道理。对一般人说来，悲剧像滑稽表演或足球赛一样，不过是一种娱乐，是供市民们在无所事事、闲散无聊的时候消消遣的玩

---

① 杜博斯：《关于诗与画的批判思考》（转引自休谟：《论悲剧》）。

艺。马斯顿（Marston）在《安东尼奥复仇记》的开场白中，就表现了类似的
观点：

> 僵硬的冬日阴湿寒冷，消尽了
> 轻快夏日的痕迹；雨雪霏霏
> 冻僵了大地苍白光秃的面颊，
> 咆哮的寒风从颤抖的裸枝上
> 咬掉一片片干燥枯黄的树叶；
> 把柔嫩的皮肤也吹得干裂。
> 在这种时节，一出阴沉的悲剧
> 才最合式入时，叫人欢喜。

此外还可以指出，使精神有所寄托的理论其实已具备了艺术游戏说的端
倪。如席勒和斯宾塞所主张的，艺术和游戏一样，都是过剩精力的表现。它
是生命力过分充沛的标志。人既需要发泄过剩的精力，也需要使精神有所寄
托。这种寄托可以是工作，也可以是游戏或艺术。

寄托的理论虽然有些道理，但并不充足。首先，它忽略了这样一个事
实：人们不仅在无事可做的时候去看戏，而且更常常在做完很多事情后，需
要换一换脑子时去看戏。去看戏的观众并不总是"有闲阶级"的分子。现代
戏院大多数在工业区和商业区，那里的大部分观众都是辛勤工作的人。对于
他们，戏剧不仅是一种寄托或娱乐，也是转移注意的方式。他们对一种东西
体验得过多，都渴望换换别的东西。施莱格尔（Schlegel）曾经强调指出这一
点。他说：

> 人类当中的大多数仅仅由于生活环境，或由于不可能有过人的
> 精力，只好局限在琐细行动的狭隘圈子里，他们的日子在懵懵懂懂
> 的习惯的统治之下一天天过去，他们的生命不知不觉地推进，青春

时期最初热情的迸发很快就变成一潭死水。他们不满于这种情形，于是便去追求各种娱乐消遣，这些娱乐其实都是使精神有所寄托的令人愉快的东西，即使是克服困难的一种斗争，也是去克服较易克服的困难。而戏剧在各种娱乐当中，毫无疑问是最悦人的一种。我们在看戏时固然自己不能有所行动，却可以看见别人在行动。①

总而言之，悲剧可以把我们从日常经验的现实世界带到伟大行动和深刻激情的理想世界，消除平凡琐细的日常生活使我们感到的厌倦无聊。

强调精神寄托的理论有一个缺点，是它不能够解释在这样多的各种寄托形式之中，为什么人们会特别爱读或爱看悲剧，也就是说，为什么悲惨的事物会比那些本身就是悦人的事物能给我们更大的快乐。伽尔文·托马斯教授（Prof.Calvin Thomas）提出了一种解释。他说：

> 有一种快感来自单纯的出力和各种功能的锻炼，这种锻炼似乎
> 是对生命的本能的热爱，是一种生理需要。要得到这种快感。

我们并不总是在愉快的事物中去寻求这种快乐。

> 恰恰相反，我们倒是更喜欢那些痛苦的、可怕的和危险的事
> 物，因为它们能给我们更强烈的刺激，更能使我们感到情绪的激
> 动，使我们感到生命。

他接着又进一步解释，为什么悲剧一般总是描写死亡。

---

① 施莱格尔：《戏剧艺术与文学演讲集》，见布莱克（J.Black）英译本，1902 年，第 30-42 页。

　　对于我们的祖先说来，死亡是最大的不幸，是最可怕的事情，
也因此是最能够吸引他们的想象力的事情。[①]

　　因此，悲剧快感基本上是起于生理的原因。

　　但是，这种生理的解释忽略了艺术与现实之间的重大区别。尽管死亡是
"最能够吸引想象力的事情"，它在现实生活中却不像在舞台上那样令人愉
快。真正的死亡或苦难即使能给人快感，那种快感的性质也不同于看到悲剧
表现的死亡或苦难时所体验到的快感。悲剧快感中的确也有一点因素可以描
述为"纯粹的能量的释放"的快感，但是，看角斗表演、处决犯人、斗牛，
或听到关于大火、地震、翻船、离婚、凶杀等耸人听闻的消息报道时体验到
的快乐，也都有这样的因素。这类事情能引起快感，并不是如泰纳和法格认
为的那样，起因于人性中根深蒂固的残酷和恶意，而是由于它们能给人的生
命力以强烈的刺激。悲剧也能这样，但又不止于此。悲剧是最高形式的艺
术，而上面提到那些耸人听闻的事件却根本不是艺术。仅仅说快感是"纯粹
的能量的释放"，并不能解决悲剧快感的问题。

二

　　理查兹（I.A.Richards）最近提出了一套基本上类似于杜博斯和伽尔
文·托马斯那样的"活力论"，但他的基础是对亚理斯多德净化说一种新的
解释。按照他的观点看来，艺术的主要功用是在一个有组织的经验中满足尽
可能多的冲动。我们天然的冲动常常是互相对立的。在实际生活中，一般是
靠排除的办法来组织我们的各种冲动。我们只注意一种兴趣，只从一个着眼
点去看待事物，只满足一个系列的冲动；而在那一瞬间不使我们发生兴趣的
事物的其他方面，以及不能立即满足我们的兴趣的其他冲动，都被抑制或压
抑。但在艺术的经验中，我们不再遵循某个固定的方向，一切冲突都得到调

---

① 伽尔文·托马斯：《悲剧和悲剧欣赏》，载《一元论者》杂志，1914 年，第三期。

和，各种冲动无论怎样互相对立，都被保持在平衡状态之中。理查兹在《文学批评原理》中写道："我们认为各对立冲动的平衡是最有价值的审美反应的基础，它比任何较确定的情感经验更能充分发挥我们的个性。"一般与审美观照相联系的"超然"一词，被赋予了新的意义。所谓超然，就是"不是通过一种兴趣的狭隘渠道，而是同时而且互相关联地通过许多渠道作出反应。"①

这就是审美经验的基本性质，而据理查兹先生的意见，最能说明这一点的就是悲剧。他指出：

> 除了在悲剧里，还能在哪里去找"对立和不调和的性质"之平衡或和解的更明确的例证呢？怜悯，即想接近的冲动，和恐惧，即想退避的冲动，在悲剧中达到在别处绝不可能达到的调和，其他类似的不调和的各种冲动也和它们一样达到调和一致。怜悯和恐惧在一个规整有序的反应中达到的结合，就是悲剧特有的净化作用。

他进一步指出，完全的悲剧经验中并没有压抑。精神并不会规避任何东西。

> 压抑和升华都是我们企图回避使我们感到困惑的问题时采用的办法。悲剧的本质就在于它迫使我们暂时地抛开压抑和升华。……处于悲剧经验中心的那种快乐并不是表明"世界终究会是合理的"，或"无论如何总会有正义公理"，而是表明在神经系统的感觉中，此时此刻一切都是合理的。……悲剧也许是一切经验中最普遍的、包容一切、调整一切的经验。

---

① 理查兹：《文学批评原理》，1928 年，第 245-248 页。

　　如果把这种理论理解为悲剧使我们能在一定时间内过更丰富、更有情感内容的生活，而且这种生活越是比现实丰富，它产生的快感也越强，那么我们对此并没有什么异议。但是，理查兹先生论证我们的对立冲动达到"平衡"时，把一切说得那么简单明了，却不能不令人怀疑。我们还觉得，黑格尔的幽灵似乎在一个意想不到的地方复活了。"对立和不调和的性质的和解"，真是说得蛮漂亮！理查兹先生对悲剧经验的描述好像并不符合一般观众的感受。在我们看来，即使最有本领的杂技演员也很难使想接近的冲动和想退避的冲动同时协调地起作用。如果把平衡状态的理论推到极端，那就意味着悲剧暂时抑制各种冲动，而不是给它们以表现和缓和的同等机会。理想的审美态度就会是一种犹豫不决的态度，对立的冲动不是相互平衡，而是全都不起作用。此外，理查兹先生把人类心理机制过分简单化了。怜悯绝不仅止于接近的冲动，恐惧也绝不仅止于退避的冲动。由于悲剧的怜悯和恐惧是审美感情而非与现实有关的态度，所以这类冲动是其中最微不足道的成分。把怜悯和恐惧描述为"对立"和"不调和"的情绪，也是不可取的。这两种情绪固然不同，却在实际生活中也常常可以共存。你看见一位母亲照看生病的孩子，对她感到怜悯，同时也和她一起为可能发生不幸的事而感到恐惧。理查兹先生能说这就是一种典型的悲剧经验吗？

　　理查兹先生的《文学批评原理》（一九二四年）是在帕弗尔（Miss Puffer）的《美的心理学》（一九〇五年）发表多年之后出版的。遗憾的是，理查兹先生没有注意到在自己之前发表的这本书，而在那本书里，帕弗尔提出了一种与他的理论很相近的理论，却回避了对立冲动同时起作用这个难于说清的问题。帕弗尔谈论的不是"冲动的平衡"，而是"情绪的平衡"。剧院里的观众和现实世界中的人不同，他"完全没有可能对剧中事件发生影响"他也"无法采取一种态度"；"因为他不可能有所动作，在他身上，甚至构成情绪基础的那些行动的开端也被抑制了。"但是，他却本能地模仿着舞台上的行动。"他所模仿的那种表现在他内心唤起属于那种表现所有的全部思想和情调的复合。"但是，在我们身上，和这些思想和情调相关的机体反应不是也被激起来了吗？作为闵斯特堡的学生，帕弗尔十分强调筋肉感觉的作用。我们记得，闵斯特堡认为在审美观照中，对象是"孤立"的，不要求有所行动，所以同情模仿的结果是产生冲动，但这些冲动并不变为身体的活动。这些被激发起来但未得到发泄的冲动，使人感到紧张和一种努力感。帕弗尔把这个观点应用于戏剧的欣赏。剧中人物常常互相冲突，如奥瑟罗步步威迫，苔丝狄蒙娜步步退缩。看戏的人不可能同时威迫又退缩，这两种对立的冲动于是互相中和抵消，"冲动的互相阻碍导致一种平衡、一种紧张状态、既冲突又相关联"。像一般审美经验一样，悲剧的经验是"一种兴奋或强化的生命与恬静的统一，是生命力的增强而又没有伴随产生任何运动趋势"。因此，戏剧的要素"不是行动，而是紧张"，也只有紧张可以解释看悲剧时情绪的激动或振奋。①

　　帕弗尔小姐没有提到立普斯，但移情说对她观点的影响是显而易见的。立普斯也有自己的一套以一般移情说为基础的悲剧理论。他也认为活动感是一般审美快感的来源，尤其是悲剧快感的来源。立普斯在谈到一般审美快感时说：

　　　　很明显，我可以感到自己的努力或意志活动，使自己发奋，而在这奋发努力的过程中，我感到自己遇到困难、克服困难或屈服于困难，我感到自己达到目的，满足了自己的意愿和要求，我感到自己的努力成功了。总之，我感觉到各种各样的活动。在这当中，我会感到自己强壮、轻松、有信心、精力充沛，或许颇为自豪等等。这一类的自我感觉永远是审美满足的基础。②

　　他把这种理论应用于悲剧时指出："使我快乐的并不是浮士德的绝望，

---

① 帕弗尔：《美的心理学》，1905年，第231—252页。
② 转引自卡瑞特：《美的哲学》，第253页。

而是我对这种绝望的同情。"对立普斯说来，"同情"就是审美地模仿或参加和分享主人公的活动和情绪。我们在同情主人公时，就超出我们自己的自我。这种"逃出自我"由于伴随着产生自我的扩展，活动范围的扩大，以及一种积极努力的活动感，所以总有快感包含其中。[①]

在悲剧欣赏中，移情无可否认是一个重要因素。我们的确常常感到立普斯和帕弗尔描述的那种紧张或努力感。然而移情说并不能说明一切。首先，正如缪勒·弗莱因斐尔斯指出的（见第四章），移情只在一定类型、即所谓"分享者"类型的观众身上发生，而"旁观者"类型几乎完全不会进行同情模仿。后面这类观众随时都清楚地意识到自己是在剧院里，舞台上的一切行动和情绪都是装出来的。不过他们仍然能以自己冷静的方式欣赏一部好的悲剧。因此，同情模仿中的努力感不能说就是悲剧快感的主要来源。其次，移情说意味着悲剧经验中的情绪就是从剧中人物那里同情模仿来的情绪。但我们在前一章已经证明，戏剧场面在观众心中激起的某些情绪，剧中人物自己不一定能感到。我们依亚理斯多德把这些情绪认定为怜悯和恐惧。帕弗尔小姐把"冲突的紧张"说成是"真正净化作用的缓和"。她没有注意到净化主要是对怜悯和恐惧这两种情绪而言，不是悲剧中表现的情绪如爱、恨、忌妒、野心等等。她在讨论悲剧情感时，一直企图驳斥亚理斯多德的净化说，但却始终不提怜悯和恐惧，所以她在回避主要的问题。

三

在这里，另一种具有活力论倾向的意见也值得一提。生命能量不仅释放在情绪里，也可以释放在智力活动里。悲剧的快感也许并不主要是由于怜悯和恐惧玄妙的净化，而是由于我们好奇心的满足我们希望更多了解人生经验的好奇心。这种想法也可以在亚理斯多德那里找出根源。他曾说：

---

① 立普斯：《悲剧与科学的批评家》，参见卡瑞特：《美的哲学》，第11章。

每个人都天然地从模仿出来的东西得到快感。这一点可以从这样一种经验事实得到证明:事物本身原来使我们看到就起痛感的,在经过忠实描绘之后,在艺术作品中却可以使我们看到就起快感,例如最讨人嫌的动物和死尸的形象,原因就在于学习能使人得到最大的快感……因此,人们看到逼肖原物的形象而感到欣喜,就由于在看的时候,他们同时也在学习,在领会事物的意义,例如指着所描写的人说:"那就是某某人"。①

鲁卡斯(F.L.Lucas)在他的近著《论悲剧》一书中,特别强调悲剧快感在智力方面的根源,尽管他没有说明受亚理斯多德影响。他写道:"好奇心儿童身上最突出、老年人身上最微弱的智力情感正是史诗、小说以及悲剧的终极根基。"人类总是渴求更多的生活经验。日常的现实世界太狭小,不够我们去探险猎奇。我们的生命也太平淡,太短促,范围太有限。悲剧则能补人生的不足。"'把生命叠累起来尤嫌太少',但至少有这想象的世界来弥补现实世界。"鲁卡斯先生最后下了一个定义:"因此,悲剧表现人类的苦难,但由于它表现苦难的真实和传达这种表现的高度技巧,却使我们产生快感。"②

悲剧快感中的智力因素也许太明显了,大多数论者都没有论及。应当感谢鲁卡斯先生提醒我们注意到它的重要性。在现代的聪明观众身上,大概好奇心在起着越来越大的作用,他们买票看有名的戏剧往往不仅为了感情激动的乐趣,而且是为了上一堂戏剧文学的"论证"课。他们仔细注意情节的发展,分析人物的刻画,品评词句和诗韵,考究布景效果是否符合全剧总的气氛,比较演员演技的优劣,回想对某些段落的不同解释,揣测作者是否要在剧中说明什么道理,简言之,他们在做各种可能把情绪彻底驱除的智力的考虑。当然,过分耽于这种批评态度往往会破坏悲剧的效果。但在大多数观

---

① 亚理斯多德:《诗学》,第四章。
② 鲁卡斯:《论悲剧》,第51及以下各页。

众头脑里，这种批评态度多多少少总是存在的。就是那些头脑比较单纯的观众，也常常因为复杂情节的悬念看得入迷，屏息期待着进一步的发展。也许对于弗莱因斐尔斯所谓"旁观者"类型的观众，悲剧快感主要是智能方面的。当激情的旋涡把比较单纯而且容易动情的"分享者"型观众卷走时，他们仍能处之泰然，无动于衷。狄德罗关于演员自我控制的话，也可以适用于他们。眼泪和叹息在他们不仅是激发同情的东西，也是美的形象和艺术的象征品。他们可以把悲剧看成一个有机整体，并注意各部分之间的内在关系。哪怕发音上有一点不稳定，对一个字一句话的解释稍有出入，剧中人偶然一句话微微显露出作者的思想，都逃不过他们的注意。他们喜爱悲剧是爱它那非凡的美和深刻的真实性。谁也不能说，这类更超脱的观众在艺术鉴赏方面不如另一类型的观众。因此，在全面考虑悲剧经验时，就绝不能忽略智力功能的满足。

但是，像移情说一样，好奇心的理论也倾向于只看见一类观众，而忽视另一类。这种理论有道理，但并不完善，不能说明全部问题。纯智力的态度毕竟不是一般大众的态度。大多数观众去看《哈姆雷特》时，并不是满脑子装着亚理斯多德《诗学》、柯尔律治论莎士比亚的演讲以及关于诗律和戏剧规则的各种概念。他们主要是为了体验情感的激动去看戏。他们在一两个小时之内过一种情绪激烈的生活，然后心满意足地离开剧场。在讨论悲剧的理论时，也不能不考虑到他们。也许一个理想的观众应结合"分享者"和"旁观者"两种类型的特性，既不要把自己和剧中人物完全等同起来，以致忘记自己，不能把剧作当艺术品看待，也不要过分耽于超然的批评态度，以致不能感到怜悯和恐惧，也不能对剧中表现的情感有第一手的直觉认识。他应当既从智能方面，也从情感上去欣赏一部好的悲剧。纯"分享者"型和纯"旁观者"型的观众都是极少数，大多数人都以不同距离处在这两个极端之间。因此，移情说和好奇说并不互相对立，倒是互为补充的。

四

　　我们刚才讨论过的各派活力论的悲剧理论，都有一个共同的严重缺点。各派论者关于精神寄托、纯粹的能量释放、冲动或情绪的平衡、移情和好奇心等的论述，不仅适用于一切审美经验，而且同样适用于像普通的注意或知觉这类非审美性活动。它们都没有说明悲剧快感不同于其他各类活动产生的快感的特殊性。例如，你在观看雅典万神庙或一只希腊古瓶时，艺术品那种平衡匀称的美会深深打动你，使你的筋肉反应中也产生一种平衡匀称。你会觉得自己左右两边有同等程度的紧张。这就是理查兹先生所说的"冲动的平衡"。甚至在像观赏古瓶这样简单的审美经验中，正如浮龙·李（Vernon Lee）和汤姆生（Thomson）在《美与丑》一书中所指出的，也有移情活动和努力感。理查兹先生承认，冲动的平衡状态并不是悲剧特有的，"一块地毯、一只陶罐或一个手势，也可以产生这种平衡"。但是，观赏一块地毯或一只花瓶无疑和观赏一出悲剧大不相同。讨论悲剧快感的人有责任找出其间的差别所在。

　　应当指出，悲剧不仅引起我们的快感，而且把我们提升到生命力的更高水平上，如叔本华所说，它把我们"推向振奋的高处"。在悲剧中，我们面对失败的惨象，却有胜利的感觉。那失败也是艰苦卓绝的斗争后的失败，而不是怯懦者的屈服投降。严格说来，叔本华说"只有表现巨大的痛苦才是悲剧"，并不符合实际情形。并不是一切大痛苦都能唤起我们的悲剧感受。地震和沉船并不能使遇难者成为悲剧人物。在《麦克白》这部悲剧中，邓肯和麦克白都是巨大痛苦的受害者，邓肯是无辜受害，所以受害比麦克白更甚。班柯也是如此。但是，邓肯和班柯都并不能因此而成为比麦克白更具悲剧性的人物。同样，拉辛悲剧中的布里塔尼居斯很难归入拉辛塑造的俄瑞斯忒斯或密特里达那样一类悲剧人物。这些例子都说明，一部伟大的悲剧不仅需要表现巨大的痛苦。还需要什么呢？斯马特先生很好地回答了这个问题。他说：

如果苦难落在一个生性懦弱的人头上，他逆来顺受地接受了苦难，那就不是真正的悲剧。只有当他表现出坚毅和斗争的时候，才有真正的悲剧，哪怕表现出的仅仅是片刻的活力、激情和灵感，使他能超越平时的自己。悲剧全在于对灾难的反抗。陷入命运罗网中的悲剧人物奋力挣扎，拼命想冲破越来越紧的罗网的包围而逃奔，即使他的努力不能成功，但在心中却总有一种反抗。①

因此，对悲剧说来紧要的不仅是巨大的痛苦，而且是对待痛苦的方式。没有对灾难的反抗，也就没有悲剧。引起我们快感的不是灾难，而是反抗。我们每一个人心中都有一颗神性的火花，它不允许我们自甘失败，却激励我们热爱冒险。加里波第（Garibaldi）在向意大利军队发表的著名演说中，并没有许诺给他们光辉的胜利和无数的战利品，反而说："让那些愿意继续为反抗异族侵略者而战的人跟我来吧。我能够给他们的不是钱，不是住宅，也不是粮食。我给的只是饥渴，是急行军，是战斗和死亡！"他是一位精明的心理学家，他的话能够打动人心。在悲剧中，我们看见的正是加里波第给战士们那种战斗和死亡，参战者不是和别人战斗的人，而是和神的力量战斗的人。的确，在那种战斗中，人处于劣势，总是失败。但那又有什么关系？利奥尼达（Leonidas）和他率领的斯巴达军队并未能阻止波斯人穿过德摩比利关口，但他们的英勇牺牲并不因此而减少人们深切的敬意。他们的身体的力量失败了，但他们的精神力量却获得了胜利。在一切伟大悲剧的斗争中，肉体的失败往往在精神的胜利中获得加倍的补偿。尼柯尔教授说："死亡本身已经无足轻重。……悲剧认定死亡是不可避免的，死亡什么时候来临并不重要，重要的是人在死亡面前做些什么。"②我们可以说，悲剧在哀悼肉体失败的同时，庆祝精神的胜利。我们所说"精神胜利"，并不是指像正义之类道

---

① 斯马特：《悲剧》，见《英国学术论文集》，第八卷。
② 尼柯尔：《悲剧论》，1931 年，第 124 页。

德目的的胜利，而是我们在《报仇神》《俄狄浦斯在科罗诺斯》《奥瑟罗》以及其他悲剧杰作结尾时感到那种勇敢、坚毅、高尚和宏伟气魄的显露。人非到遭逢大悲痛和大灾难的时刻，不会显露自己的内心深处，而一旦到了那种时刻，他心灵的伟大就随痛苦而增长，他会变得比平常伟大得多。假设苏格拉底和耶稣基督是另一种样子死去，他们对人的心灵还能有那么大的魅力吗？在悲剧中，我们亲眼看见特殊品格的人物经历揭示内心的最后时刻。他们的形象随苦难而增长，我们也随他们一起增长。看见他们是那么伟大崇高，我们自己也感觉到伟大崇高。正因为这个原因，悲剧才总是有一种英雄的壮丽色彩，在我们的情感反应中，也才总是有惊奇和赞美的成分。布拉德雷教授描绘的"和解的感觉"（见第七章），正是我们看见悲剧英雄以那么伟大崇高的精神面对大灾难而产生的赞美之情。因此，伟大的悲剧在无意之间，就产生出合于道德的影响。雪莱在《为诗辩护》中写道："最高等的戏剧作品里很少教给人苛责和仇恨，它教人认识自己，尊重自己。"它能做到这一点，正是因为我们在悲剧人物身上，瞥见了自己的内心深处。

我们在第五章里已经说明，悲剧感与崇高感是互相关联的。在这两种情形里，我们都会在暂时的抑制之后，感到一阵突发的自我的扩展。悲剧的和崇高的事物先压制我们，使我们深感自己渺小无力，甚至觉得自己卑微不足道，但它立即又鼓舞我们，让我们分享到它的伟大，使我们感到振奋和高尚。正像歌德在《浮士德》中所说：

在那幸福的时刻，
我感到自己渺小而又伟大。

这话正可以表现悲剧宿命的两面观。一方面，我们在命运的摆布下深切感到人是柔弱而微不足道的。无论悲剧人物是怎样善良、怎样幸运的一个人，他都被一种既不可理解也无法抗拒的力量，莫名其妙地推向毁灭。另一方面，我们在人对命运的斗争中又体验到蓬勃的生命力，感觉到人的伟大和崇高。这两者的矛盾只是表面的。施莱格尔说得好,"人性中的精神力量只有在困苦和斗争中,才充分证明自己的存在。"[1]正如人的伟大只有在艰难困苦中才显露出来一样,只有与命运观念相联结才会产生悲剧;但纯粹的宿命论并不能产生悲剧,悲剧的宿命绝不能消除我们的人类尊严感。命运可以摧毁伟大崇高的人,但却无法摧毁人的伟大崇高。悲剧的悲观论和乐观论也有这样的两面。任何伟大的悲剧都不能不在一定程度上是悲观的,因为它表现恶的最可怕的方面,而且并不总是让善和正义获得全胜;但是,任何伟大的悲剧归根结底又必然是乐观的,因为它的本质是表现壮丽的英雄品格,它激发我们的生命力感和努力向上的意识。悲剧总是充满了矛盾,使人觉得它难以把握。理论家们常常满足于抓住悲剧的某一方面作出概括论述,而且自信这种论述适用于全部悲剧。有人在悲剧中只见出悲观论,又有人只见出乐观论;有人视命运为悲剧的根基,又有人完全否认悲剧与命运有任何关系。他们都正确又都不正确正确是说他们都抓住了真理的一个方面,不正确是说他们都忽略了真理的另一个方面。完善的悲剧理论必须包罗互相矛盾的各个方面情形命运感和人类尊严感、悲观论和乐观论,所有这些都不应当忽略不计。

---

[1] 施莱格尔:《戏剧艺术与文学演讲集》,第66-69页。

第十二章 —— 悲剧的衰亡：
悲剧与宗教和哲学的关系

一

尼采以热情洋溢的笔调为我们描绘了一幅《悲剧的诞生》的迷人图画，他自己说这幅图画已经可以"满足它的时代的最好的需要"。一本论悲剧的衰亡的著作，尚有待于人们去完成，这个任务不是那么愉快，但也值得去尝试。

悲剧这种戏剧形式和这个术语，都起源于希腊。这种文学体裁几乎世界其他各大民族都没有，无论中国人、印度人，或者希伯来人，都没有产生过一部严格意义的悲剧。罗马人也没有。假如从来没有希腊悲剧存在，没有希腊悲剧流传下来形成悠久的令人崇敬的文学传统，那么近代欧洲的悲剧能不能产生，还是一个值得考虑的问题。

如果我们探索悲剧只在希腊而不在世界其他地方得到发展的原因，就可以进一步证实我们的观点：命运观念对悲剧的创作和欣赏都很重要。坎布兰先生（M.Camboulin）在《论希腊戏剧的命运观念》中，对一般人认为命运观念在希腊悲剧中最为突出这种看法，进行了激烈攻击。按照他的说法，埃斯库罗斯及其杰出的后继者们不是把命运，而是把正义作为自己的指导原则。他一口咬定宿命论在本质上是东方的观念，拒绝承认勇敢的欧洲人竟会受到宿命论的感染。[①] 狄克逊教授也说什么"东方疲弱的民族"是"失败主义者，他们的不健康的空气损害着西方的活力"。[②] 认为东方的人生观有特别浓厚的宿命论色彩，这是在欧洲相当流行的一种看法，但如果我们把荷马史诗、古典型悲剧和浪漫型悲剧、中世纪传奇和北欧神话的基本精神，拿来和中国儒家典籍和印度佛教经文的基本精神作一比较，就会觉得这种看法很奇怪。要不是它触及悲剧的中心问题，如此荒谬的看法本来是不值一驳的。

那么，宿命论究竟是什么呢？这就是对超人力量的迷信，认为这种力量预先注定了人的遭遇，人既不能控制它，也不能理解它。宿命论与悲剧感密切相关，可以说是原始人类对恶的根源所作的最初解释。追求幸福的自然欲望使人相信，人生来就是为了活得幸福。当不幸事件不断发生，人的自然欲望遭受挫折，在悲欢祸福之间又找不到合理的正义原则时，人们就会困惑不解，说不清楚为什么在一个看来遵循道德秩序的世界里，竟会出现这样悲惨不幸的事情。对于原始人类，显然的答案就是：人不能理解的一切都是命运注定的。一般理解的"宿命论"就是这个意思。在这个一般意义上理解起来，宿命论是人类各民族在原始时代共同的信仰。但由于气候、气质和文化各方面的差异，有些民族对命运力量比别的民族感受更深，考虑得也更多，还有些民族又觉得命运问题太玄妙，离现世生活太遥远，因而不去多加理会。在对待命运的态度上这种差异，能在很大程度上说明各民族在宗教、哲学和艺术这类不同文化形式以及达到的成就水平上的差异。它也可以解释为什么某个民族有悲剧或者没有悲剧。

狄克逊教授说得很对，"只有当我们被逼得进行思考，而且发现我们的

---

① 坎布兰：《论希腊戏剧的命运观念》，1855 年，第 5-10 页。
② 狄克逊：《论悲剧》，第 190 页。

思考没有什么结果的时候，我们才在接近于产生悲剧。"①我们可以补充一句：悲剧并不满足于任何思考的结果。虽然悲剧也和宗教和哲学一样，试图解决善与恶这个根本的问题，但悲剧的精神与宗教和哲学却是格格不入的。当一个人或一个民族满足于宗教或哲学时，对悲剧的需要就会消失。哲学试图把令人困惑的一切都解释清楚，在一定程度上，宗教也是如此。哲学一旦找到可以从理论上加以论证的教条，宗教一旦找到可以给情感以满足的信条，就心满意足了。对宗教和哲学说来，恶的问题都已经解决了。然而悲剧却没有得到这个问题的解决，也不满足于任何一种解决。最后，悲剧也心满意足了，但却不是满足于任何教条或信条，而是满足于作为一个问题展示在人面前那些痛苦的形象和恶的形象。换言之，悲剧不急于作出判断，却沉醉于审美观照之中。正如尼采所说："受难者最深切地感到美的渴求；他产生美。"我们现在可以明白，为什么对悲剧的道德论的解释往往是错误的，因为这类解释把悲剧归结为一种宗教信仰，或一种哲学教条。

"宿命论宗教"几乎是自相矛盾的说法，因为无论什么形式的宗教都以信仰和希望为基础，而绝对的宿命论会剥夺人在善恶之间作出选择的自由，也就是说，它摧毁一切信仰和希望。哲学有时可以涉及命运观念。但宿命论哲学，只要它提出恶的问题的一种解决，只要它保证给相信它的人平静和满足，对命运的涉及也就到此为止。一个人可以相信命运的存在，但在感情上可以完全漠然置之。在这一点上，悲剧就和宗教或哲学不同。一方面，它并不把宿命论作为一种确定的信条，所以不是哲学，另一方面，它也不同于宗教，它深深感到宇宙间有些东西既不能用理智去说明，也不能在道德上得到合理的证明。正是这些东西使悲剧诗人感到敬畏和惊奇；我们所谓悲剧中的"命运感"，也正是在面对既不能用理智去说明、也不能在道德上得到合理证明的东西时，那种敬畏感和惊奇感。

让我们举些具体例子来说明。

---

① 狄克逊：《论悲剧》，第 66 页。

可敬的比德（Bede）曾生动地叙述诺森布利亚皈依基督教的故事。圣·奥古斯丁的一个门徒波林纳斯（Paulinus）敦促诺森布利亚国王爱德温（Eadwine）改宗基督教这种新的信仰。国王召开一次会议，问计于他的谋臣们。其中一人直言道：

> 王上，人的一生就好像您冬天在宫中用餐时，突然飞进宫殿来的一只麻雀，这时宫中炉火熊熊，外面却是雨雪霏霏。那只麻雀穿过一道门飞进来，在明亮温暖的炉火边稍停片刻，然后又向另一道门飞去，消失在它所从来的严冬的黑暗里。在人的一生中，我们能看见的也不过是在这里稍停的片刻，在这之前和之后的一切，我们都一无所知。要是这种新的教义可以肯定告诉我们这一类事情，让我们就遵从它吧。①

把人生比为冬夜里麻雀的飞行，无疑是一种悲剧的人生观。过去和未来的黑暗压抑着这位老年谋臣的心，使他急于找寻逃避的途径。基督教来得正是时候，可以解救他摆脱悲观论和宿命论。总的说来，我们可以说是悲剧感产生宗教。对现状的不满会孕育对未来的热切希望。最具宗教性的民族往往是遭受苦难最多的民族。可是，人们一旦在宗教里求得平静和满足，悲剧感也就逐渐减弱以至于完全消失；因为从宗教的观点看来，这个短暂的现世的苦难和邪恶，与来世的幸福相比是微不足道的。因此，一个人走向宗教也就离开了悲剧，爱德温的皈依基督教就是很好的例子。

使人脱离悲剧的另一条路就是伦理哲学，即一种固定而实际的人生观。要说明这一点，伏尔泰的《老实人》也许是最好的例子。老实人经历了人生中可以想到的种种不幸被迫与爱人分离，在战争、风暴、沉船、地震中死里逃生，异教裁判所的迫害以及别的种种困境；犯下杀死爱人兄弟的罪恶，丧

---

① 转引自格林（Green）：《英国人民简史》，第 21 页。

失一大笔财产，被奸商、庸医和娼妓所欺骗等等。但是，这一切灾难和不幸对老实人说来都不能构成悲剧。他最后把自己痛苦的回忆置诸脑后，在君士坦丁堡安定下来，把余生精力全用来精心耕种一小块田地。虽然他并不完全赞同邦葛罗斯医生那种彻头彻尾的乐观主义，却也绝不是悲观主义者。这篇名著的结尾一段尤其有趣：

> 有时邦葛罗斯对老实人说："在这个十全十美的世界上，所有的事情都是互相关联的；你要不是爱居内贡小姐，被人踢着屁股从美丽的宫堡中赶出来，要不是受到异教裁判所的刑罚，要不是徒步跋涉美洲，要不是狠狠地刺了男爵一剑，要不是把美好的黄金国的绵羊一齐丢掉，你就不能在这儿吃花生和糖渍佛手。"老实人道："说得很妙，可是种咱们的园地要紧。"

"种咱们的园地要紧。"也就是说，只管做自己的事，不要去管什么人生的苦难和邪恶。这当然是一种讲求实际的人生观，如果你愿意的话，也可以叫它为一种伦理哲学。它使老实人不成其为一个悲剧人物，也使以他命名的那部小说不成其为悲剧。众所周知，《老实人》这部小说是伏尔泰驳斥莱布尼兹和沃尔夫认为我们这个世界是十全十美的世界这种理论的。小说的主人公多多少少代表着伏尔泰自己。伏尔泰尽管对人生悲剧性的一面有深刻认识，却恰恰没有一点深刻的悲剧感。他是一位哲学家，而正因为如此，他不是伟大的悲剧诗人。

宗教、哲学和悲剧之间的区别不仅适用于个人，也适用于整个民族。希伯来人和印度人像上面提到的诺森布利亚谋臣们一样，走了宗教的路；中国人，在一定程度上还有罗马人，像伏尔泰的老实人一样，满足于一种实际的伦理哲学。这就可以解释，这些民族为什么没有产生悲剧。但让我们进一步地详细探讨。

二

像罗马人一样，中国人也是一个最讲实际、最从世俗考虑问题的民族。他们不大进行抽象的思辨，也不想去费力解决那些和现实生活好像没有什么明显的直接关系的终极问题。对他们说来，哲学就是伦理学，也仅仅是伦理学。除了拜祖宗之外（这其实不是宗教，只是纪念去世的先辈的一种方式），他们只有非常微弱的一点宗教感情。这种淡漠的宗教感情可以解释他们在宗教信仰方面的宽容态度。除了本土的儒道二教之外，几乎所有大的宗教，如佛教、基督教和伊斯兰教，都在中国有自己的信徒。各种教派的并存从没有像在欧洲和印度那样引起宗教战争。一个儒家学者可以毫不犹豫地承认自己同时信奉佛教或者基督教。我们完全可以想象，当他们遇到人的命运这个问题时，是既不会在智能方面表现出特别好奇，也不会在感情上骚动不安。在遭遇不幸的时候，他们的确也把痛苦归之于天命，但他们的宿命论不是导致悲观，倒是产生乐观。如果某人的朋友死了儿女，他就安慰那位朋友说，"命该如此"，意思是说："不要多想，不要过于悲伤了。"只要归诸天命，事情就算了结，也不用再多忧虑。中国人实在不怎么多探究命运，也不觉得这当中有什么违反自然或者值得怀疑的。善者遭殃，恶者逍遥，并不使他们感到惊讶，他们承认这是命中注定。中国人的国民性有明显的伏尔泰式的特征。他们像伏尔泰那样说："种咱们的园地要紧"，不用去管什么命运。

这种态度在中国的圣人孔子身上，就可以得到很好的证明。孔子的学生们在《论语》中记载说："子不语：怪、力、乱、神。"有人问他什么叫知，他回答说："务民之义，敬鬼神而远之，可谓知矣。"还有一次，他的学生季路问怎样服侍鬼神，他答道："未能事人，焉能事鬼？"季路进一步道："敢问死？"孔子以同样严肃的态度回答说："未知生，焉知死？"这些话很能代表孔子的思想，它们对中国人意识的影响甚至超过十诫和四福音书对基督徒意识的影响。由于孔子注重世俗的思想影响，中国人一直讲究实际。"乐天知命"就是幸福生活的普遍的座右铭。这等于说："要知足，不要责怪命运，这样就能活得幸福。"如果愿意的话，你尽可以把这叫"宿命论"，然而它却毫无疑问是乐观的。

中国人用很强的道德感代替了宗教狂热。他们认为人必须自己救自己，不能依靠鬼神。他们所说的"命"，相对说来更接近基督教的天意，而不是希腊人的命运，它更多的是铁面无私的判官，而不是反复无常的女神。他们深信善有善报，恶有恶报，善恶报应不在今生，就在来世。好人遭逢不幸，也被认为是前世作了孽，应当受谴责的总是遭难者自己，而不是命运。

中国人既然有这样的伦理信念，自然对人生悲剧性的一面就感受不深。他们认为乐天知命就是智慧，但这种不以苦乐为意的英雄主义却是悲剧的女神所厌恶的。对人类命运的不合理性没有一点感觉，也就没有悲剧，而中国人却不愿承认痛苦和灾难有什么不合理性。此外，他们的文学也受到他们的道德感的束缚。对他们说来，文艺总是一件严肃的事情，总有一个道德目的。纯粹为供人取乐而写的书是被人所鄙视的。这个事实可以解释为什么纯想象和虚构的文学作品那么少，也可以解释为什么戏剧发展得那么晚。戏剧在中国从未享有像在欧洲那样高的声望。演员和剧作家们被认为与小丑和杂耍卖艺的人同属一类。大作家们大多不屑于写剧本。虽然中国戏剧的起源可以追溯到唐玄宗皇帝（约公元七世纪），但直到元代（1283—1368）异族统治者统治中国时，戏剧才繁荣起来。蒙古族皇帝并不喜欢传统形式的中国文学，于是文人们发现，过去不受重视的戏剧是发挥自己能力的新天地，也是一种新的进身之阶。那是国民精神处于极低潮的时期，中国文学的繁荣期也早已过去了（是孔子编定古代典籍之后十二个世纪，距离中国诗歌的黄金时代的唐朝也有四个世纪了）。设想一下西方戏剧不是产生于希腊伯里克利时代，而是在罗马统治时期，你就可以明白这样较晚的发展对中国戏剧意味着什么了，你也许还可以看出，为什么中国文学在其他各方面都灿烂丰富，唯独在悲剧这种形式上显得十分贫乏。

事实上，戏剧在中国几乎就是喜剧的同义词。中国的剧作家总是喜欢善得善报、恶得恶报的大团圆结尾。他们不能容忍像伊菲革涅亚、希波吕托斯或考狄利娅之死这样引起痛感的场面，也不愿触及在他们看来有伤教化的题材。中国观众看见俄狄浦斯成为自己母亲的丈夫、费德尔对继子怀着私情，或阿德美托斯因父母不愿替代自己去死而怨怒，都一定会感到非常惊讶和不快。中国剧作家最爱写的是名誉和爱情。也许中国戏剧最能证明弗洛伊德派关于艺术是欲念的满足这一理论，虽然"欲念"在这里很少经过压抑与升华的复杂过程。剧中的主人公十有八九是上京赶考的穷书生，金榜题名时中了状元，然后是做大官，衣锦还乡，与相爱很久的美人终成眷属。或者主人公遭受冤屈，被有权势的奸臣迫害，受尽折磨，但终于因为某位钦差或清官大老爷的公正，或由于他本人得宠而能够报仇雪恨。戏剧情境当然常常穿插着不幸事件，但结尾总是大团圆。中国戏剧的关键往往在亚理斯多德所谓"突变"（peripetia）的地方，很少在最后的结尾。随便翻开一个剧本，不管主要人物处于多么悲惨的境地，你尽可以放心，结尾一定是皆大欢喜，有趣的只是他们怎样转危为安。剧本给人的总印象很少是阴郁的。仅仅元代（即不到一百年时间）就有五百多部剧作，但其中没有一部可以真正算得悲剧。

悲剧题材也常常被写成喜剧。让我们以《赵氏孤儿》为例，这个剧曾由伏尔泰改写为《中国孤儿》，①最为欧洲读者熟悉。这出剧并不是中国戏剧里最好的作品，我们认为它之被介绍到欧洲，主要是因为此剧抒情因素最少，于是对翻译者说来，不像大多数更好的剧本那样困难。既然欧洲读者比较熟悉，用它做例子也就更方便。这个剧本取材于真实的历史。晋国两个大臣赵盾和屠岸贾文武不和。屠岸贾是个奸臣，他要弄阴谋将赵家满门抄斩，只有一个孤儿被赵家的好友程婴救出，秘密隐藏起来。像希律王一样，屠岸贾下令把晋国半岁以下一月以上的婴儿一律杀死，隐藏赵氏孤儿者将处以极刑。程婴在这危急时刻，找到赵家另一位朋友公孙杵臼商量，下面就是两人的对话：

---

① 此剧有斯坦尼斯拉斯·儒连（Stanislas Julien）的法译本，1834 年。

程婴：老宰辅，我如今将赵氏孤儿偷藏在老宰辅跟前，一者报赵驸马平日优待之恩，二者要救晋国小儿之命，念程婴年近四旬有五，所生一子，未经满月。假汝做赵氏孤儿，等老宰辅告首与屠岸贾去，只说程婴藏着孤儿，把俺父子二人，一处身死；老宰辅慢慢的抬举的孤儿成人长大，与他父母报仇，可不好也？

公孙杵臼：这小的算着二十年呵，方报的父母仇恨。你再过二十年，也只是六十五岁；我再过二十年呵，可不九十岁了，其时存亡未知，怎么还与赵家报的仇？程婴，你肯舍的你孩儿，倒将来交付与我，你自首告屠岸贾处，说道太平庄上公孙杵臼藏着赵氏孤儿。那屠岸贾领兵校来拿住，我和你亲儿一处而死。你将的赵氏孤儿抬举成人，与他父母报仇，方才是个长策。

两人商定这个计划并且执行得很成功。二十年过去，赵氏孤儿请求朝廷主持公道，终于报仇雪恨。

从情节看来，此剧使人想到《阿塔莉》和《哈姆雷特》。孤儿像若亚斯一样，被一位朋友勇敢机智地拯救下来并抚养成人。在英勇的自我牺牲这方面，程婴超过那位犹太祭司若亚德。孤儿又像哈姆雷特一样，他的敌人杀害了他的父亲，窃夺了本来属于他的荣誉，他必须复仇。这个剧本全名是《赵氏孤儿大报仇》，从名称看来，使人很容易想成是像《哈姆雷特》那样的复仇悲剧，在第五幕里台上摆满了尸首。但是，实际情形却完全不同。复仇只是帝王的一道命令许诺的，并没有在舞台上演出来。最后的报应使人人都很满意，连奸贼自己也承认这是公道。剧作者是要传达一个道德的教训忠诚和正义必胜，而那胜利和戏剧的结尾恰好是一致的。

这个剧的道德目的使作者强调孤儿的被救，而不是他的复仇。真正的主角是程婴，不是孤儿。这就使得这个剧更接近拉辛的《阿塔莉》，而不是《哈姆雷特》。拉辛剧本的结尾两行是：

　　……帝王们在天上有严峻的法官，

　　无辜的人有复仇者，孤儿有父亲。

　　这很可以拿来做《赵氏孤儿》的题词。这两个剧本都表现一种道德的满足，唯一不同的是中国剧本里完全没有《阿塔莉》那种宗教色彩。我们知道，拉辛的《阿塔莉》和《爱丝苔尔》都是迎合当时需要而写作的，是要"以宗教和道德题材写一种歌唱与叙述结合的诗剧，全剧要由一个使剧情生动而不让人厌烦的行动联结起来。"① 用这句话来描述整个中国戏剧，真是再贴切不过了。如果我们把《爱丝苔尔》和《阿塔莉》算成悲剧，就可以说中国也有一些剧十分接近拉辛这两部晚期作品。但是，我们纯粹是习惯地把《爱丝苔尔》和《阿塔莉》与《安德洛马克》和《费德尔》划为一类，事实上这两组作品在写作年代和精神上都有很大差别。在以圣经故事为题材的两部作品中，拉辛更像一个希伯来人。我们马上就会看到，希伯来精神与悲剧的精神是完全对立的。中国人和希伯来人在宗教热诚这方面虽然相去万里，但在有一方面却十分接近：他们强烈的道德感使他们不愿承认人生的悲剧面。善者遭难在道德家眼里看来是违背正义公理，在宗教家眼里看来是亵渎神圣，中国人和希伯来人都宁愿把这样的事说成本来就没有，或者干脆绝口不提。在他们的神庙里没有悲剧之神的祭坛，也就不足为怪了。

三

　　印度文学在中国文化中起过突出作用。佛教在中国广为传布之后很久，中国的戏剧才逐渐兴起，所以我们很自然地推测，悲剧在印度也没有成长起来，不然的话，它一定会在中国剧坛上留下印迹。叔本华使西方世界认为悲剧像佛教一样，告诉人们生命是毫无意义的，应当抛弃求生的意志，这就使我们更有必要考察一下印度的戏剧。其实，佛教并没有像叔本华的理论所暗

---

① 拉辛：《爱丝苔尔》序。

示的那样产生出悲剧来。

印度的宗教经过了许多发展阶段。早期的婆罗门教像别的主要宗教一样，要人们相信天意，而不是相信命运。人死后，按照他们在世时的行善或作恶，灵魂可以在天地间一块福地享受安乐，或者在冥界受到惩罚。佛教几乎不承认神的存在，更不承认命运对人的支配。体现佛教主要教义的《转法轮经》列举了有助于达到彻悟和涅槃的四种真知，却完全不谈神圣的天意或盲目的命运。在正统佛教徒看来，恶之源在人自己，除了自己努力之外，没有别的途径可以得救。佛教，至少对于它的创立者说来，不是失败主义者的宗教，而是为自己的言行、为自己的幸福和痛苦承担责任的勇敢者的宗教。

这种依靠自己的宗教尽管高尚，却不利于悲剧的发展。这并不是说印度人对于悲惨的东西没有感受。佛教本身就是悲剧性人生观的产物，因为释迦牟尼正是在一天之内看见老人、病人和尸体之后，才决定舍弃红尘，潜心修行。但是，人生的悲惨方面只是使佛教徒明白尘世幸福的虚幻，唤起他们对受苦受难的人类所抱的道德同情，并促使他们想到灵魂的得救。看见悲惨场面而高兴，尽管是想象和虚构的场面，在佛教徒看来不仅是一种导致痛苦的"欲"，而且也是残酷的标志。所以，尽管亚历山大大帝和他的希腊悲剧演员们曾到过印度，悲剧却始终没有在印度发展起来。

婆罗多的《舞论》据说是神传授的，它对印度戏剧发展的影响，甚至比亚理斯多德在欧洲的影响还大，它提到几种戏剧形式，令人注意的是其中恰恰没有悲剧。"那察迦"是最高的戏剧形式，这是一种英雄体的喜剧，有高贵的人物、英勇的行动和华丽典雅的语言。它很近于悲剧，但从不以悲惨结局告终。这部经典明确规定戏剧不能写成不幸的结局。每个剧本的情节都要经过五个发展阶段，而最后阶段总是幸运的成功。[1]研究印度文学的权威威尔逊教授（H.H.Wilson）曾对印度戏剧作过如下的总结：

① 列维（S.Lévi）：《印度戏剧》，第32-34页。

印度戏剧既不局限于写罪恶，也不局限于写人类的荒诞；既不局限于写重大文化，也不局限于写人世细小的升迁；既不局限于写恐怖痛苦，也不局限于写愉快幸福。……它们总是糅合庄谐悲欢，把各种因素交织成一体。但是，它们绝不会以悲惨结局告终，而按约翰逊博士的说法，在莎士比亚时代，只是悲惨结局就足以构成悲剧。虽然印度戏剧也会激起包括怜悯和恐惧在内的各种情绪，但却从来不最后给观众留下痛苦的印象。事实上，印度人没有悲剧。[①]

在这一点上，印度戏剧和中国戏剧很相似。为了说明印度人不喜欢悲惨的结局，让我们以印度戏剧的最高成就，即迦梨陀婆的《沙恭达罗》为例。这个剧本取材自吠陀史诗《摩诃婆罗多》中流传甚广的古印度神话故事。男主人公是常常和神仙有来往的半神性的国王。此剧在形式上和希腊悲剧颇为接近，但在精神实质上却更近于东方。国王豆扇陀外出行猎，在一处净修林遇见美丽的少女沙恭达罗，两人一见钟情，自主结合。国王回宫之前，答应很快派人来迎新娘，并给她一枚戒指作为识别的表记。沙恭达罗一心思念自己的丈夫，竟没有听见过路一位婆罗门请求施舍的声音这在印度是算渎圣罪。那个盛怒的婆罗门诅咒沙恭达罗要被丈夫遗忘，除非她能把丈夫给她的戒指拿出来作证据。与此同时，豆扇陀没有履行诺言，沙恭达罗有了身孕。在继父的建议之下，沙恭达罗出发到王宫去，要求自己作为王后的权利。但是，那婆罗门的诅咒发生了效力，豆扇陀生病失去了记忆，完全忘记了过去那段姻缘，连自己年轻的新娘也不认得了。尽管他十分赞赏沙恭达罗的美貌，却仍然抛弃了她。沙恭达罗在沐浴时失落了那个事关重大的戒指，所以拿不出证据来。但那戒指不久被一位渔夫找到，国王一见到戒指便立即恢复了记忆，与沙恭达罗破镜重圆。他认识到自己待妻子极不公正，痛悔不已。沙恭达罗已被诸神送到一处福地静养，后来通过神的干预，豆扇陀终于重新

---

① H.H.威尔逊：《印度剧作选》，1935年，序言，第26页。

见到了她。

　　这个剧像是希腊田园爱情诗的恬静与《天方夜谭》的瑰丽幻想的奇妙混合。这里确实也有命运在起作用，但和希腊悲剧相比之下，《沙恭达罗》中的命运不是那么专横、那么险恶而不可抗拒。它好像飞进眼里的小虫，令人很不舒服，但终无大害。剧中最动人之处当然是国王豆扇陀不认沙恭达罗为妻那一场。但这一场处理得很有节制，很平静，甚至超过希腊人。每个人物心中都有强烈的道德感，使这一场并不真正悲惨痛苦。豆扇陀在病中把沙恭达罗当成另一个人的妻子，所以他不认她是完全正当的。况且这一场戏不过是情节的曲折，其目的是为了更加突出幸福结局的效果。这个剧中关键性的戒指并不像奥瑟罗给苔丝狄蒙娜的手帕，而更像《威尼斯商人》中鲍西娅给巴萨尼奥的那个戒指。

　　对很多欧洲读者说来，豆扇陀最后一段话好像很难解。当他找到沙恭达罗，一切都如愿以偿之后，一位仙人问他还有什么要求，你以为他会怎样回答？他说：

　　　　让所有的国王都努力谋求他的人民的幸福；让所有诵读《吠陀》的人都崇奉技艺之神萨罗萨伐底；愿永生全能的英武的湿婆免除我下一世的痛苦，不要让我投生在这终将毁灭的、罪与罚的人世间。

　　全剧就这样结束。豆扇陀最后的愿望完全出乎人们意料，简直是自相矛盾。它好像晴空中突然飘过的乌云。它像敲响了悲观的音调，使人觉得可以用来证明叔本华的理论。但熟悉印度宗教和思想史的人会知道，这里其实并没有什么悲观或悲剧性的成分。它是突然的幻灭，也是突然的彻悟。人世的浮华使印度人渴求他们信仰的永恒幸福，即纯净灵魂的状态。如果"悲观主义"这个词可以用来描述柏拉图的哲学，那么这种人生观就可以说是悲观的；如果"悲剧性"这个词可以用来描述柏拉图关于禁锢在山洞中的人那个寓言，那么《沙恭达罗》结尾处的诗句就可以说具有悲剧性。

四

印度的情形完全可以证明，有了宗教和神话并不一定能产生悲剧。这个道理从希伯来人身上甚至可以看得更清楚。这个自命为上帝优选民族不仅没有产生悲剧，而且根本没有创造出任何戏剧。我们在这里讨论他们的情形，只是因为它可以使我们更生动地体会固定的宗教信仰与悲剧精神之间的根本矛盾，还因为基督教对近代欧洲戏剧的发展产生过巨大影响。

没有哪一个民族对人生的悲剧性方面比以色列民族感受更深，我们记住这一个事实，希伯来文学中没有悲剧就更显得格外突出了。"以色列"在希伯来文中的意思是"与神共同奋斗者"，这名称本身就显露出历尽艰辛的印迹。以色列人生长在贫瘠的土地上，被饥荒驱迫着在敌对民族的异乡流浪漂泊，随时都受到别人的轻蔑和迫害，千百年来一直过着动荡不安的生活。这个遭受种种灾难的民族并不是愚昧无知、没有文学鉴赏力的，他们在文学上取得的成就并不亚于别的任何民族。柯尔律治甚至说，崇高感是从希伯来人那里产生出来的。丰富多彩的诗的意象、真挚的感情、对灾难和痛苦的深切感受这一切本来可以使希伯来人创造出伟大的悲剧。希伯来人也并不缺乏戏剧的想象，因为《圣经·旧约》中，有许多片段都充满了高度的戏剧性。

希伯来民族没有悲剧，要到别的方面去找原因。戏剧是由游戏的冲动产生的。希伯来人也许是一切民族中最严肃认真的民族，他们有许多重大事情需要关注，无暇在喜剧和滑稽表演中去寻找娱乐。他们深刻的道德感和强烈的宗教感情也使他们不会把灾难和痛苦视为悲剧。信仰使他们脱离那种可以叫作"悲剧心绪"的精神状态。他们也许是一切民族中最不受上帝宠爱的，却反而坚信他们自己是上帝选定的子民。在他们看来，恶是原罪的结果，奸险邪恶会在最后审判日受到惩罚，好人遭受灾难和痛苦只是对他们信仰的考验，甚至死亡也会在救世主降临时消失。在《圣经》里，大洪水、大地震，还有埃及的毁灭，这些都被说成是神的判决。所以在希伯来人看来，整个世界秩序井然，完全服从正义的原则。上帝不可能冤枉人，所以上帝造成的一切也不会有冤屈，上帝是全知全能的，所以一切都是由天意预先安排，而不是命运支配的。当一切都可以这样圆满解释时，哪里还能有什么悲剧呢？尼采说过："减少了恶，悲剧诗人们就会寸步难行了。"

最能反映希伯来民族精神的伟大作品大概是《约伯记》。但是，《约伯记》尽管充满崇高的观念、绚丽的想象，而且能激起怜悯和恐惧，却绝不是一部悲剧。在希伯来文学中，悲剧总是被崇高所淹没，怜悯和恐惧也总是消失在对神的正义的坚定信念中；《约伯记》就是一个典型的例子。约伯是一个虔诚正直的人，富有而多子女。由撒旦的一番话，约伯经受了一场严峻的考验。他的牛羊被人掳去，儿女们也被倒塌的房屋压死。约伯却宣告说，神的举动是正当合理的："我赤身出于母胎，也必赤身归回。赏赐的是耶和华，收取的也是耶和华。耶和华的名是应当称颂的。"然而他的虔诚并没有能使他免受更大的灾难。他得了重病，全身长满了毒疮，但他仍然毫无怨言。他的妻子要他弃掉神去死，他回答说："嗳，难道我们从神手里得福，不也受祸么？"只是在他的三个朋友来和他争论神行事的公平与否时，约伯的耐心才开始动摇。他抱怨自己受的苦，责难上帝不该折磨他来取乐。他历数坏人的罪恶，责怪洞察一切的上帝怎么不去惩罚他们。他向神提出一连串问题，但神并没有给他满意的回答，却向他提出一系列别的无法回答的问题。在此以前，《约伯记》可以说是悲剧性的，而且我们可以说，困扰着约伯的那些问题恰恰也是困扰埃斯库罗斯和索福克勒斯的问题。但是，悲剧诗人们达到悲剧观念时就止步了，约伯却走上宗教信仰的路去回避悲剧观。宇宙的奥秘使埃斯库罗斯和索福克勒斯充满了敬畏和惊异，却使约伯满心是虔诚的信仰。最后，约伯在尘土和炉火中懊悔，谦卑地把自己奉献给上帝。看吧，这就是希伯来人的正义观念创造的奇迹！耶和华使约伯从苦境转回，并且给他加倍的赏赐，甚至生过十四个儿子！像埃斯库罗斯写普罗米修斯，或像索福克勒斯写俄狄浦斯那样来写约伯，是希伯来人绝不会做也绝不能容忍的。

五

我们在本章中发挥的论题宗教不利于悲剧并不符合一般人认为希腊悲剧起源于希腊宗教这种流行观念。事实上，希腊人并没有严格意义上的宗教，即像佛教、基督教或伊斯兰教那样的宗教。希腊人和中国人一样有神话、迷信和祭祀典礼，但他们也和中国人一样，没有固定的宗教信仰和整套的神学。

希伯来人是最具宗教情感的民族，大概希腊人在精神上和他们相去最远。虔诚的希伯来人会把希腊人看成不敬神的民族，而另一方面，有广泛兴趣和节制有度的希腊人又会把希伯来人看成狂信者和"庸人"。让我们举出具体例子来说明他们之间的区别。

在《旧约·士师记》里，有一个关于耶弗他的女儿的传说。耶弗他在与亚扪人作战之前，向耶和华许愿说，如果他能得胜回国，就把从家门出来迎接他的第一个人献给神作牺牲。他果然凯旋而归，然而随着鼓声载歌载舞第一个出来迎接他的，恰恰是他的独生女儿。父女二人都极为悲痛，但他们又都坚决服从上帝的意志。耶弗他的女儿请求父亲准许，在山上两月与同伴们哀哭她终为处女，然后再被献作牺牲。这个故事和伊菲革涅亚的传说几乎完全一样。与欧里庇得斯笔下的女主人公相比，可以说这位希伯来少女是更具悲剧性的人物，首先因为阿伽门农除伊菲革涅亚外，还有厄勒克特拉和俄瑞斯忒斯两个孩子，而耶弗他却只有一个独生女儿；另外，至少在欧里庇得斯的悲剧里，伊菲革涅亚最后被阿耳忒弥斯女神救了下来，而耶弗他的女儿却真的做了牺牲。然而，《圣经》中耶弗他的传说不是悲剧，而是寓言，其中没有感情与责任的冲突，无邪的女主人公也不需要我们怜悯，而是应该受到赞美和崇敬。比较一下两个传说中父女态度的不同，立即可以看出希腊精神与希伯来精神的区别。耶弗他虽然很爱自己的女儿，却毫无怨言地接受了天意安排的灾难。他说："我已经向耶和华开口许愿，不能挽回。"但阿伽门农却试图拯救自己的女儿，只是在墨涅拉阿斯的逼迫之下，才不得不最后让步。

两个女主人公之间的区别甚至更明显。耶弗他的女儿虽然因为自己还是处女就必须为死而哀哭，但对于完成自己神圣的职责却毫不犹豫。她说："父啊，你既向耶和华开口，就当照你口中所说的向我行，因耶和华已经在仇敌亚扪人身上为你报仇。"欧里庇得斯塑造的伊菲革涅亚也许更为真实，但在信仰和情绪上却远不是那么坚定如一。她先是一点也不想死，请求不要牺牲她的生命，后来她知道死亡已经无可避免，才明白表示愿为希腊和她自己的荣誉而死。但在内心深处，她痛恨让她去死的希腊人。她在成为阿耳忒弥斯祭坛的女祭司后，仍然对自己所受的委屈愤愤不平。她希望有朝一日在祭坛上无情地杀死那些希腊人，就像他们在奥里斯无情地杀死她一样。要是她有耶弗他的女儿那样坚定的宗教信仰，就不会有那么多的怨愤了。但她并没有这种信仰，所以对自己命运的悲剧有非常深切的感受。

这样的矛盾和不彻底应该责怪伊菲革涅亚，还是责怪欧里庇得斯？对于我们，这并不重要，这里须指出的是：希腊人不像希伯来人，他们没有统一坚定的宗教信仰。有人想从埃斯库罗斯、索福克勒斯和欧里庇得斯作品中抽取道德和宗教观点，却总是不成功。讨论希腊悲剧的人往往接受最早来自阿里斯托芬的传统看法，即认为最早的悲剧诗人们把自己看成神的代言人，但这些论者却忘记或忽略了柏拉图与此相反的看法。希腊悲剧诗人们宣扬一些什么呢？是神的正义，还是盲目的命运？是一切命里注定，还是人有意志自由？他们有时说这样，有时又说那样，从来没有非常明确地提出问题，所以也从来不作出任何确切的回答。埃斯库罗斯不是被看成"一切戏剧家中最虔诚的神的代言人"吗？但是，从神学或伦理观点看来，《俄瑞斯忒亚》三部曲却是最自相矛盾的。阿波罗的神谕要俄瑞斯忒斯为父复仇。那么，他杀死母亲有什么罪呢？如果他有罪，那就是阿波罗教唆他犯罪；如果他无罪，那么报仇神就没有理由追赶他。因祖先犯下的罪恶而受报应，这种观念似乎意味着承认天意，但是，杀父母、杀儿女和乱伦如果算是罪恶的话，它们当然是罪恶说犯这些罪都是由神意决定，那就对神太不敬了。

实际上，希腊人关于神的概念一定会使任何真正的希伯来人大为惊讶。

希腊的神是公正的，但又是爱嫉妒和喜欢恶作剧的；他们是神，但又有人的感情，甚至会受严重的伤；他们无所不能，但有时又得屈服于命运。宙斯和命运支配着希腊人的思想，他们谁也不知道究竟哪一位是真正的统治者。希腊人设想的宇宙是极为混乱的。吕西恩（Lucian）在《诘神篇》对话里，清楚地揭露出希腊人宇宙观的混乱状态。辛尼斯科问宙斯道："诗人们所讲这些关于命运的话是可以相信的吗？"宙斯回答说："当然可信。"于是辛尼斯科向宙斯提出一连串十分冒昧的问题。人们既然常常谈起命运的强大力量，这种力量究竟在哪里呢？命运能控制神吗？如果能，神岂不是和人一样，都是命运的奴隶？向宙斯献祭还有什么用？此外，天意是什么？天意是否就是命运，或是比命运更强大？好人遭殃，坏人享福，这种事情究竟该由谁负责，是神，是命运，还是天意？另外，如果一切都是命运造成的，那么当一个人在犯杀人罪时，命运女神是否就是凶手？如果是，那么冥王岂不是不该惩罚不由自主服从命运指使的那个可怜人，而该惩罚命运？宙斯感到这些棘手的问题很难回答。他责怪辛尼斯科跟诡辩学派学坏了，拒绝和他再谈下去。①

　　吕西恩在公元二世纪时写作，对这些问题的看法当然和古希腊悲剧家们不同。悲剧家们并没有跟那些"该诅咒的"诡辩学派学习过。但是，不管他们对这些问题理解得多么不明确，他们总力图把握它们的意义。他们和吕西恩一样，多多少少是怀疑论者，但他们又和吕西恩不一样，宇宙的壮美和宇宙间许多不平之事使他们在情绪上深感骚动。纯粹的怀疑论和坚定的信仰一样，与悲剧的精神背道而驰，伏尔泰的情形就是证明。在悲剧里，怀疑论从来不至于抑制通常所谓"宇宙情感"。在埃斯库罗斯和索福克勒斯的作品里，我们总能发现敏锐智力和深刻感情的奇妙混合。他们都敬畏神，不会公然为了邪恶的存在责问众神，但是，他们也有一点怀疑，如果神永远是公正的，人世间何以还有那么多不幸的事情发生。他们没有一套宗教或伦理的信

_____

① 吕西恩：《全集》，对话集，第13篇。

条，否则他们也会像希伯来人和中国人那样，或者在宗教信仰中求得安慰和平静，或者完全不理会有关人类存在的终极问题。生活中的悲惨事件就不会使他们那么烦恼不安，他们也就不会写作悲剧。我们这样说，绝不是贬低希腊人。尼采曾说过，"能向希腊人学习，本身就是一种荣耀。"悲剧所表现的，是处于惊奇和迷惑状态中一种积极进取的充沛精神。悲剧走的是最费力的道路，所以是一个民族生命力旺盛的标志。一个民族必须深刻，才能认识人生悲剧性的一面，又必须坚强，才能忍受。较弱的心灵更容易逃避到宗教信仰或哲学教条中去，但希腊人却不是那么容易满足于宗教或哲学，他们的心灵是积极进取、向多方面追求的心灵。他们面对着宇宙之谜时，内心感到理想和现实之间的激烈冲突。正是这种内心的冲突产生了希腊悲剧。

六

近代欧洲文明是希腊异教精神和希伯来宗教虔诚的奇特混合。它的独特在于整体，而不在于各个成分。这些不同成分是否随时都结合得很好，这个问题应该让未来的历史学家去解答。在这里，我们只简略考察一下这种不同成分构成的文化对近代悲剧发展的影响。

由于希腊人的天才，悲剧取得了至高的地位，在近代欧洲也一直没有动摇。然而尽管有著名的古今之争，我们仍然还没有对近代悲剧作出公正评价。在对这个问题进行深入探讨时，有两个原因妨碍我们取得正确的看法，一个是对悲剧这种"体裁"的传统评价，另一个是狭隘的民族主义使某些狂热的批评家过分揄扬本国或本流派的悲剧作品。我们现在大概比古罗马人能更好地认识塞内加悲剧的真正价值。再过两三千年之后，莎士比亚和歌德的作品中还有多少仍然可以与埃斯库罗斯和索福克勒斯的作品媲美呢？高乃依、拉辛和阿尔菲耶里（Alfieri）还有多少作品可以比塞内加的作品更好地经受住时间的检验呢？近代人对悲剧的完善化究竟有多大贡献？他们究竟有没有悲剧？这些好像都是不甚得体的问题，但后代的人们将会把这些问题提出来。

希腊人创造的悲剧是异教精神的表现，他们一方面渴求人的自由和神的正义，另一方面又看见人的苦难、命运的盲目、神的专横和残忍，于是感到困惑不解。既有一套不太明确的理论，又有深刻的怀疑态度，既对超自然力怀着迷信的畏惧，又对人的价值有坚强的意识，既有一点诡辩学者的天性，又有诗人的气质这种种矛盾就构成希腊悲剧的本质。为了认清埃斯库罗斯及其后继者作品中那个十分阴郁的世界，我们必须克服通常的偏见，不仅仅看到希腊蓝色的晴空、柏拉图和亚理斯多德的完整的哲学，以及希腊人超脱凡俗的静穆。希腊悲剧是一种特殊文化背景和特殊民族性格的产品，它不是可有可无的奢侈品，而是那个民族的必然产物。

近代人能够拿出怎样的文化背景和怎样的民族性格去和希腊人相比呢？暴风雨已经过去，天空已经晴朗，神话已经消失，诸神不再介入人间，人已经越来越以自我为中心，依靠自己。难道悲剧是近代文明的自然产物，不是奢侈品？要是从来没有过希腊悲剧，近代人能够完全靠自己创造出悲剧吗？近代悲剧只使人依稀想见它在古代的原型，它至多不过是移植到并不相宜的土壤上的植物。

基督教是近代欧洲文明的主要成分之一。它强调世界的道德秩序、原罪和最后审判、人对神的服从和人在神面前的卑微渺小，所以与悲剧精神是完全敌对的。悲剧表现人和命运的搏斗，常常在我们眼前生动地揭示无可解释的邪恶和不该遭受的苦难，所以总带着一点渎神的意味。施莱格尔早就指出了希腊人的悲剧命运观念与基督教的天意观念之间的矛盾：

　　命运观念和我们的宗教信仰是直接对立的，于是基督教代之以天意的思想。因此，人们完全可能怀疑，一位基督教诗人想在作品中表现与自己的宗教有关的看法时，是否会发现自己完全不可能写出一部真正的悲剧，而且悲剧诗这种沉醉于人本身的力量的文学创作，是否也会像迷信者想象出来的黑夜中的幽灵一样，在启示的曙光前消逝得毫无踪影。[1]

施莱格尔自己并没有对这个问题作出明确回答。在我们看来，答案只能是肯定的。早期的基督教教会和后来的清教徒都非常仇视世俗戏剧，包括悲剧。文学史家们往往喜欢把近代戏剧的起源追溯到中世纪在教会节日典礼时表演的"奇迹剧""神秘剧"和"道德剧"；这是否符合喜剧的实际情况，我们不想追究，但在悲剧却肯定与事实不符。布鲁纳狄厄（Brunetiere）说得很对"我们的神秘剧的作者们并没有继承希腊和拉丁的传统。……他们既没有为莎士比亚的戏剧奠定基础，也没有为拉辛的悲剧奠定基础。"[2]中世纪教会祝典上粗糙简单的表演，不过是戏剧化的圣经故事和圣徒传说，它们都有进行宗教教育的明确目的，却并没有悲剧意味。

基督教精神在近代欧洲文学中所起的作用是很难确定的。当浪漫主义者，例如夏多布里昂，想重新从基督教去吸取灵感时，他们心目中想到的其实只是与基督教有些表面联系的中世纪异教精神；因为基督教信仰和浪漫的忧郁情调毫无共同之处。仅以近代悲剧而言，我们可以说，近代悲剧唯一有点独创性成就的地方，就是它表明了异教精神对于基督教的胜利。

莎士比亚尤其是这样。至少在悲剧里，莎士比亚几乎完全活动在一个异教的世界里。他通过塞内加和英国本国的前辈剧作家，间接地从希腊人那里继承了悲剧的形式；又从他那些条顿民族的祖先那里继承了悲剧的精神，那些古代的条顿人居住在阴暗的北方，与严酷的气候和狂暴的大海搏斗，随时担心着魔怪和巨龙的侵袭。莎士比亚的悲剧世界里有女巫、魔法师、鬼魂、妖怪和魔鬼，他们

　　　长着一千个鼻子，

---

[1] 施莱格尔：《拉辛的〈费德尔〉与欧里庇得斯的淮德拉之比较》，1807年，第83页。
[2]《法国大百科全书》，第三一卷，《悲剧》条。

头上的角奇形怪状，像海中的狂涛。

他的悲剧中的人物往往显得比基督教化的欧洲人更原始。地上的混乱往往先有"天上的争斗"为征兆。一场暴风雨使勃鲁托斯的同伙们心惊胆战；日食和月食在葛罗斯脱看来是不祥的凶兆；女巫们的欢呼唆使麦克白去杀人；奥瑟罗也诚心诚意地相信一方手帕有主吉凶祸福的魔力。此外，正像我们在前面一章已讨论过的，莎士比亚并不相信神的正义公道。在悲剧的第五幕，好人和坏人都同归于尽。当李尔王吁请上天惩罚不孝的女儿时，得到的回答不是神对他两个女儿的审判，却是狂风暴雨、雷鸣电闪，使他悲惨的处境更加不堪忍受。实际上，莎士比亚的悲剧人物没有一个具备真正基督徒的感情，没有一个相信来世。对哈姆雷特说来，死亡是"未知的国土，到那里去的人从来没有一个再回来"。麦克白把人生比成短暂的烛光、飘浮的幻影，"像一个拙劣的演员在舞台上胡乱吵嚷一阵，然后就销声匿迹"。如果剧情发展中既有基督徒，又有异教徒，莎士比亚的同情常常不在基督徒，而在异教徒一边，像夏洛克和奥瑟罗的情形就是如此。莎士比亚在基督教极盛时期从事创作，为什么竟表现出这样一种非基督教的精神呢？答案正如多弗尔·威尔逊教授（Prof. Dover Wilson）最近指出的："写悲剧的莎士比亚是在遭受痛苦的莎士比亚。"[①] 他创作大部分悲剧的时期正是他深感痛苦和绝望的时期。他是"在紧张的精神状态下"写作，那种精神状态"几乎像李尔的疯狂"。[②]如果说绝望常常迫使人们转向宗教，那么也是绝望常常使人们反抗宗教。在不幸的时刻，人们自然更多地思考人生的悲剧性方面，在天才人物身上，这悲剧性方面就可能产生出艺术作品来。莎士比亚的悲剧即使不像希腊悲剧那样是他那个时代的文化的自然产物，至少也是他个人生活的必然产物。基督教可能使莎士比亚摆脱颓唐绝望，但也会把哈姆雷特和李尔化为乌有。莎士

---

① 多弗尔·威尔逊：《莎士比亚精义》，第9、118及以下各页。

② 钱伯斯（E.Chambers）：《威廉·莎士比亚》，第一卷，第85-86页。

比亚是从来没有回到基督教去的浪子，谁会说这是人类的损失呢？

高乃依和拉辛的悲剧通常被称为"古典主义悲剧"。就形式而言，这是正确的说法。但就情感和精神实质而言，高乃依和拉辛其实比莎士比亚离希腊人更远。我们已经说过，在莎士比亚的悲剧里，异教的命运观仍然占主导地位，他的悲剧概念与希腊人的概念也还相去不远。在高乃依和拉辛的作品里，基督教精神第一次在悲剧中占主导地位，他们对人类意志自由的强调也是与希腊人的命运观念直接对立的。高乃依和拉辛相比，也许是更彻底的基督教道学家，所以也更不像一位悲剧诗人。从表面上看来，高乃依的悲剧往往表现责任与感情的冲突，例如，在《熙德》中是荣誉和爱情，在《贺拉斯》中是爱国主义和爱情，在《辛纳》中是仁慈与复仇的本能，在《波里厄克特》中则是宗教热情和世俗感情。但这个冲突只是表面的，到头来总是责任感获得胜利，而且常常是轻而易举地获胜。让我们从《波里厄克特》这部写基督教的剧中，举一个简单例子。波利娜和塞韦尔相爱，但却听从父亲的话和波里厄克特结婚。塞韦尔成为罗马皇帝的宠臣，得意扬扬地回来，想娶波利娜为妻。波利娜认为拒绝会见从前的情人是她做妻子的责任，但她父亲费利克斯却更多从自己的安危考虑：

> 波利娜：他总是那么可爱，而我毕竟是个女人；
> 见到他那一向可以使我屈服的目光，
> 我不敢保证我的贞节会有足够的力量。
> 我不想见他。
> 费利克斯：我的女儿，应该去见他，
> 否则你就是背叛，还有你的父亲和全家。
> 波利娜：既然您这样吩咐，我只好服从，
> 但是您要明白您要我去冒多大的风险。

波利娜见了塞韦尔。她告诉他说，她已经是另一个人的妻子。塞韦尔责

怪她变了心，他那激烈的语言说明他深感愤怒和绝望。但波利娜向他说明，仅仅是责任不让她顺从自己的心愿。塞韦尔于是请求她原谅：

> 波利娜：您看，不像爱那么坚定真诚的责任
> 并没有塞韦尔的爱情那样的价值。
> 塞韦尔：啊，夫人，请原谅盲目的痛苦，
> 它从来只知道极端的不幸：
> 我错怪您变了心，把崇高的责任
> 错当成水性杨花的罪过。

高乃依的悲剧大多数都是这种调子。他写得最动人的地方也总不免流于陈腐和肤浅。对于生在不同时代不同环境中的人们说来，高乃依永远是最没有悲剧意味的悲剧诗人，至少从悲剧的感染力这方面说，他不可能触动他们的心弦。

拉辛在青年时代曾经体验过激烈的内心冲突，一方面是家人迫使他形成的宗教虔诚，另一方面是他自己从欧里庇得斯和其他古典作家那里得来的对戏剧的爱好。因此，他的生活本身就是一场反映在他作品里的悲剧冲突。他诚心想做一个基督徒，但有时候他会不由自主地变成一个异徒教。由于希腊精神和希伯来精神是互相敌对的，两者混合的结果并不总是很圆满。在他是基督徒的时候，他受到自己异教倾向的妨碍，在他是异教徒的时候，他又摆脱不了自己受的基督教的教育。无论在哪一方面，他很少能完全彻底。让我们以他自己认为最好的悲剧《费德尔》为例。这个悲剧在倾向上无疑是基督教式的。拉辛在剧本序言中明白地说："我还没有写过哪一部剧本像这部作品这样明白地突出美德。在这里，最小的过失也受到严厉的惩罚。仅仅是想作恶也和作了恶一样遭到厌弃。"正因为如此，拉辛不像欧里庇得斯那样，而是把费德尔写得不那么该受惩罚，希波吕托斯也不那么天真无邪。费德尔既没有向希波吕托斯表白爱情，也没有亲自出马去诽谤他，而是把这一切都

交给她的保姆去办。另一方面，希波吕托斯也不是毫无瑕疵、洁身自好的英雄，而是不顾父亲反对，恋爱着阿丽丝。因此，全剧灾难性的结局就多多少少有些道理，像是上天对罪过的处罚。有些批评家甚至在《费德尔》一剧中找寻冉森教派关于神意的理论的影响。据他们说，那些离开正道走入歧途的人，上帝可能让他们罪上加罪，越来越堕落。

但是，我们如果仔细分析这个剧本，就会发现其中有许多东西是一个真诚的基督徒很难宽容的。奇怪的是阿诺尔德竟毫无保留地对此剧表示赞赏。对基督徒的感情说来，通奸和乱伦的题材本身就很可厌。欧里庇得斯把罪过归到爱神身上，所以不存在对剧中人惩罚的问题。拉辛想在剧中引入基督徒的道德观念，所以关键问题就是：他认为应该责怪费德尔，还是应该责怪神的力量？如果他责怪费德尔，那么她其余的罪过都是她最初过失的惩罚。但即使如此，也很难解释希波吕托斯的惨死以及提修斯和阿丽丝遭受的灾难。很难说这些都是天意。而这个剧最大的难题还在于，拉辛并没有完全去掉爱神起的作用。费德尔自己就意识到被无法抗拒的力量不由自主地驱迫着，因为她说：

这都是因为爱神紧抓住她的牺牲品不放。

拉辛在序言里也明确地说："她的罪过与其说是她的意志造成，不如说是天神降下的惩罚。"我们不禁要问：既然她最初的罪过是天神的意志造成的，她还有什么该受惩罚的地方？布瓦洛说费德尔"乱伦而无信义"，这是对的。但这难道可以和基督教信仰调和吗？事实上，基督教的天意观念和希腊人异教的命运观念虽然互不相容，在《费德尔》中却被强拉在一起，结果是两者相互削弱。要评定《费德尔》以及拉辛其他剧本的真正价值，就应该丢开它的基督教道德和希腊传说，只把剧本看成对人性的细致研究。他剧本的精华主要在善于描写情感的冲突，而他表现的冲突比高乃依表现的冲突真实、激烈得多。拉辛比别的古典作家做了更多的工作来奠定后来心理戏剧发展的基础，甚至可以说，也为心理小说的发展奠定了基础。与其说他是希腊人的继承者，不如说他是近代诗人之父。正是他敲响了悲剧的丧钟。

自文艺复兴以来，异教精神重新得到发扬，而基督教逐渐失去了控制人们思想的力量。但是，基督教的衰落并没有同时出现悲剧的复兴。命运和天意都退缩了，而科学则代之而起，占领了统治地位。一切都用因果关系来解释，甚至偶然和或然也进入了精密数学的领域，甚至昏暗的隐意识领域也被心理学家们暴露在意识的光天化日之下。古人认为是奥秘的东西，现在对我们说来都不过是迷信。科学的孪生子唯物主义和写实主义给了悲剧致命的打击。并不是现代人意识不到人生悲剧性的一面，而是悲剧由于长度有限、情趣集中、人物理想化，已不能满足现代人的要求。对于现代知识界读者，长篇小说可以比悲剧更细致入微地描写各种复杂变幻的感情。对一般人说来，高度理想化的悲剧不能满足他们对强烈刺激的渴望，他们离开剧院，宁愿去看电影。曾经被埃斯库罗斯、索福克勒斯、欧里庇得斯、莎士比亚等伟大悲剧诗人们高踞的宝座，现在一方面被陀思妥耶夫斯基、D.H. 劳伦斯、普鲁斯特这样的小说家们占据着，另一方面被卓别林、雪瓦利埃（Chevalier）等人占据着，悲剧的缪斯似乎已经一去不复返了：

　　悲剧的激情
　　和这样严肃的作品如今已经过时。

米德尔顿和德克尔的抱怨，在我们今天比在他们那个时代更符合事实。

第十三章 ——— **总结与结论**

一

　　在这一章里，我们要把散在前面各章里的论证线索归纳整理，力求把它们织成一个有机的整体。虽然我们现在的工作主要是概括性重述，但我们将尽可能使本章独立成篇，而不是简单重复已经在前面各章讲过的内容，使读者仅从最后这一章里，也能对我们的观点形成明确的概念。

　　让我们简单回想一下观赏悲剧的情形，你做完一天的工作，准备花一点钱来娱乐。有各种有趣的东西供你挑选，而你最后决定去看戏。剧场里座无虚席，观众们都在等着演出开始。这时幕布拉开，大家的目光都集中到灯光明亮、有布景的舞台上。在两三个小时内，你到了一个完全不同的世界里，你和日常杂务的联系似乎被戏票剪断了。你不是和邻居闲聊几句天气如何之类的话，也不是为买一点食品和店老板讨价还价，在你眼前掠过的是些英雄人物、帝王贵胄、恶人奸贼，有时甚至是神仙上帝，是非凡的情境、致命的过失、滔天的罪恶、难言的痛苦和可怕的死亡。你亲眼看见阿伽门农献出自己的女儿做牺牲、克吕泰墨斯特拉背叛和谋害自己的丈夫、俄瑞斯忒斯亲手把短剑刺进他母亲的胸膛；你亲耳听见卡珊德拉预言阿特柔斯家族将遭大祸、特洛伊妇女们为自己做俘虏和亡国奴而痛哭、奥瑟罗向威尼斯的来使陈述自己光荣的过去，或哈姆雷特为那死后的神秘不可解的世界沉痛地独白。你屏息静气地密切注视这些可怕的事件，舞台上的场景和情节完全控制了你的意识，你同情地模仿着那些遭遇不幸的人物，不由自主地叹息或流泪。幕间休息的时候，你对同伴说："他们真惨"，你的同伴也说："真可怜，他们会这么不幸！"然而话虽如此，你和你的同伴都得到很大快感，为演员们的精彩表演鼓掌喝彩。你感到激动振奋，好像参加一场十分生动的交谈或辩论，好像心上去掉了一个沉重的负担。有时候，你只是读完索福克勒斯或莎士比亚的一部杰作，却也会产生类似的感觉。

这一切都太自然了，你甚至想不到这里面会有什么问题。但当你默然而思，回想自己看戏时的情形，就会觉得奇怪：为什么表现痛苦事件的悲剧能给人以快乐？你越想越觉得迷惑不解。你为什么要花钱去看伟大人物覆灭、力量和美遭受挫折至死呢？如果说你在现实生活中讨厌看见痛苦和灾难，为什么又那么爱看《哈姆雷特》或《费德尔》呢？这些问题已经有各派权威学者作出回答，但当你在故纸堆里搜寻高深的理论并且把它们仔细研究一番之后，多半会失望地发现，它们并不完全符合你的实际经验，而且常常违背普通常识和严密的逻辑。就是哲学家们也常有打盹的时候。

悲剧快感问题并不像初看起来那么简单。表面看来，悲剧的内容大多是可怖的东西，但它实际上绝不仅止于此。悲剧绝不仅仅是恐怖。恐怖只是使人感到痛苦，最后给人以阴郁和沮丧的感觉，而悲剧却令人感到鼓舞和振奋。我们平时在报上可以读到谋杀案的真实情节，并不能产生像《麦克白》那样的印象，有人被汽车压死这种意外事故，也不能像《费德尔》中报告希波吕托斯惨死那个片段那样深深打动我们。这里，一类有悲壮的英雄气魄，另一类却是那么琐细渺小。由于没有认识到这样明显的区别，法格等人误认为悲剧快感是人类邪恶残忍的本能的满足。所谓恶意说，意味着悲剧愈恐怖，效果也愈强烈。然而事实上恐怖超出一定限度，就不仅不能给人快感，反而会引起痛感。例如，肉体的折磨在悲剧中往往就很少直接表现。俄狄浦斯并没有当着观众的面弄瞎自己的眼睛，《李尔王》中康瓦尔和吕甘挖出老葛罗斯脱双眼的一场，只能引起我们的愤怒和恐怖。这场戏充满了真实的酷刑那种令人厌恨的性质，可怖然而没有悲剧意味。

不少人由于不能区别悲剧与恐怖，还把作为艺术品的悲剧和现实生活中的苦难混为一谈。由于悲剧常表现痛苦和灾难，人们也就惯于把任何痛苦或灾难都称为"悲剧"。随便翻开一份报纸，你会发现"悲剧"这个词至少有两三次被用来形容铁路事故、破产或家庭纠纷之类的事情。你常常听见人们说："由于现实生活中悲剧太多，谁也不再上剧院去看悲剧了"；写实派还大声疾呼："让我们使现代悲剧忠于生活！"事实上，现实生活中并没有悲剧，正如辞典里没有诗，采石场里没有雕塑作品一样。悲剧是伟大诗人运用创造性想象创作出来的艺术品，它明显是人为的和理想的。悲剧确实常常表现我们在现实生活中见到的那种痛苦和灾难，但这两者绝不完全一样。单是痛苦和灾难并不足以构成悲剧。沉船失事并不能使遇难者成为悲剧人物，一般的失恋也绝不能与罗密欧的痛苦相提并论。纯粹的痛苦和灾难只有经过艺术的媒介"过滤"之后，才可能成为悲剧。悲剧使我们对生活采取"距离化"的观点。行动和激情都摆脱了寻常实际的联系，我们可以以超然的精神，在一定距离之外观照它们。

在悲剧中，把生活"距离化"的办法有好几种。最明显的一种，是增大所表现的情节在时间或在空间上的距离，把地点放在某个遥远的国度，使故事情节发生在"从前"古代和近代的悲剧诗人们往往取材于原始时代的神话或远古时代的历史。幕一拉开，观众看到的就是在异国情调的布景中穿着古雅服装的剧中人物，于是立即感受到与现实生活全然不同的气氛。

悲剧情境、人物和情节的异常性质，进一步构成距离化因素。你看到的不再是日常生活中在车站拥挤的卑微人群，也不是在茶馆酒肆争吵赌博的庸众，而是处在命运转折点上卓然不群的英雄，或是在死亡的痛楚中挣扎的无辜的女主人公。在一两个小时里，特洛伊城就要陷落，罗马就要从勃鲁托斯的控制下转到安东尼手中，或者勃南森林就要朝邓西嫩移动。一切都按照巨大的尺寸创造出来，生活呈现出巨大的规模和强烈的程度，是你在平庸的现实世界中永远不可能遇到的。布洛先生说得很对：

> 把悲剧中具有悲剧性的成分移置到日常生活中，由于缺乏坚定，由于担心违反习俗，由于害怕被别人耻笑或议论，由于无数种不能坚持信仰或理想的卑微小事，十有八九会最终变成一出正剧、喜剧、甚至闹剧。[①]

戏剧艺术的某些传统技巧和形式方面的因素，也进一步扩大距离。现实事件绝不会分为五幕，时间也绝不会局限于几个小时。它们是杂乱无章地连续发展的，事后要找出各个事件之间的联系，总要费很大工夫。但在悲剧中却必须有行动（情节）和情趣的统一，常常须对时间和空间作出限制。事件也必须进行去粗取精的剪裁。诗歌成分是另一个应当考虑到的因素。普通人决不会按照无韵体或亚历山大体的格律，用华丽典雅的词句倾诉爱情或悲叹痛苦。然而用诗来写悲剧已是悠久的传统，权威作者们也都认为，悲剧如果改用散文，会遭受很大损失。情境愈悲惨，愈需要用诗来表达。悲剧杰作中许多扣人心弦的段落如果改成散文，就会变得平淡无味。

最后，所有伟大悲剧里都有一种超自然的气氛，一种非凡的光辉，使它们和现实的人生迥然不同。希腊悲剧和宗教祭祷仪式有关，周围似乎围绕着一个神圣的灵光圈。近代悲剧虽然是世俗性质的，却常常加进一些超自然成分，给自己添上神秘的色彩。戏剧技巧和舞台装置更增强这种非现实世界的效果。总的戏剧环境、舞台的形状、人工布置的灯光和布景、服装、演员们程式化的动作和咏唱式的声音，这一切都有助于增大距离。观众的世界和舞台脚光那面的世界，被观众和演员都不可能跨越的一道鸿沟隔离开来。观众

[①] 布洛：《作为艺术中的因素和一种美学原理的心理距离》，载《英国心理学学报》，1912年，第5页。

只能观看舞台上发生的事情，却不能参加到里面去。因此他们的态度是超然和孤立的，不可能有任何实际利益来干扰他们的审美观照。

很明显，悲剧里表现的痛苦灾难不能和现实生活中的痛苦灾难混为一谈。柏拉图指责艺术家"和真实隔了两层"，其实他说得还不够。悲剧诗人们运用了多少"距离化"手段，和真实就隔了多少层。我们在悲剧中欣赏的并不是真实的痛苦和灾难，而是"距离化"即"和真实隔了几层"的痛苦和灾难。上述的各种手段使悲剧生动有趣，却不会使人哀伤到垂头丧气。我们常常说，虚幻感可以缓和悲剧中的痛感，这话也是说明同样的道理。虽然在注意力高度集中的瞬间，我们不大会清楚意识到悲剧情节的虚构性，但却有各种"距离化"因素使我们不可能把悲剧当真。在悲剧中，可怖的东西被艺术力量所征服而变化，我们是处在审美状态中，我们的快感在本质上是审美快感。恶意、道德同情、正义观念以及其他各种实际考虑或者根本在悲剧快感里就不存在，或者只是侵占了本来不属于它们的地位。

二

在前面我们只讨论了作为一种客观性质的悲剧性，强调了悲剧与现实生活中单纯的恐怖有本质的区别。我们如果分析自己在看到悲剧时的主观态度，就会发现，由于各个个人之间存在差异，问题就更为复杂。看完一出很好的悲剧后，所有的观众都感到快乐，但各人快乐的原因却不一样。有些人高兴的是恶人终于受到惩罚：哈姆雷特杀死了克罗迪斯，麦克白也终究被马尔康和麦克德夫所杀。有些人是赞赏诗人和演员们的技艺高明。还有些人觉得快乐，仅仅是因为在情绪上经历了一次愉快的激动。上述种种也许还不是全场观众感到满足的所有原因。那么在谈论悲剧快感时，你指的究竟是哪一种快感呢？

人首先是一种有道德感的动物。悲剧描绘的是严肃的事情，所以悲剧的观众自然会在情感和理智两方面都受到感动。就在你的眼前，一位贤明的国君突然认识到自己完全无意间犯下的可怕罪孽，被迫放逐出国土，一位年迈的父亲被自己的女儿们在一个暴风雨之夜赶出门外，或者一个坏人向一个心怀猜忌的丈夫诬蔑他那贤德而清白无辜的妻子。在这种情况下，难道你能无动于衷，对不幸的受害者毫无同情吗？难道你不希望他们有更好的命运，不希望坏人受到正义的惩罚吗？既然人是有思想的，难道你不会进一步沉思恶与正义的问题，甚至触及像宿命、天意和人类自由这样一些更大的宇宙性质的问题吗？你只要想到这类问题，对仅以这样的考虑为基础建立悲剧理论的人，大概就会原谅了。亚理斯多德坚持说，悲剧人物既不应当是坏人，也不应当是圣人，而应当是有过失的好人。另一些论者如盖尔维努斯甚至走得更远，视剧院如法庭，我们的悲剧快感则被看成对赏罚分明而感到的道德的满足。爱德蒙·博克相信，我们对受害者的同情产生看到痛苦场面时的快感，因为痛苦场面如果引起的是痛感，我们就会逃避最需要同情的那些最悲惨的情境。根据黑格尔的意见，悲剧表现的是两个同样有道理、但又同样片面的伦理力量的冲突，而悲剧结尾则是宇宙和谐的恢复。但对叔本华说来，悲剧为我们揭示一切皆虚妄的道理，教导我们弃绝求生的意志。其他一些同样杰出也同样自信的论者们，还提出了各种各样的不同理论。我们不必怀疑博克、黑格尔和叔本华等人的真诚，也许他们正是以他们各人所描述的方式来欣赏悲剧。不幸的是，他们的叙述互相抵触，各有自己的严重缺陷。

他们大多从道德观点去看待悲剧。然而我们都同意，悲剧是艺术品，悲剧的欣赏首先是一种审美经验。在审美观照中，我们的确常常感到一种同情，但却不是通常的伦理道德意义上的同情。道德同情和审美同情有三方面的重大区别。首先，道德同情往往明白意识到主体和客体之间的界限，审美同情却消除了这种界限，我们忘掉自己，加入被观照的客体的生命活动中。其次，道德同情不可能脱离主体的生活经验和个性，并往往伴随着产生希望和担忧；审美同情却把那一瞬间的经验从生活史中孤立出来，主体"迷失"在客体之中。最后，道德同情是一种实际态度，最终会变为行动，我们会力求使我们同情的客体摆脱痛苦；审美同情并不导致实际的结果，它仅仅涉及见别人悲而悲、见别人喜而喜这样的模仿活动。我们也可以用这样的话来表示这同一种区别：道德同情使我们对客体采取行动，而审美同情则使我们和客体一起行动。

在悲剧欣赏中，我们常常感到的是审美的而非道德的同情。我们并不会为朱丽叶传递消息给罗密欧，只会同情地感到朱丽叶的焦虑和痛苦。我们不会向奥瑟罗喊道"你这黑鬼，难道你不明白伊阿古在撒谎吗？他告诉你说你妻子送人作信物的那方手帕，其实就在他的衣袋里！"我们只会像奥瑟罗一样，让自己随着他一起受骗，一起悲叹。当然，也有一些头脑简单的人在产生强烈幻觉的时候，把悲剧情节当成真事，投身去干涉戏剧行动的发展。例如，有一位美国慈善家把五十美分的钞票扔给舞台上的穷发明家，要他去买柴来生火继续做实验。还有一个中国木匠跳上舞台，一斧子砍死了扮曹操的演员。这种道德同情可以很容易地避免悲剧性结局，或证明正义原则的存在，可是，在这样做的同时，它也摧毁了悲剧本身！为同情、正义或任何别的道德目的欣赏悲剧的人，正像那位美国慈善家或中国木匠一样，不过是在错误的时刻做了一件合乎道德要求的事情。

这些例子还说明，正确欣赏悲剧需要一定程度的自制和清醒的理智。立普斯和谷鲁斯的信徒们往往容易过多强调审美同情，即他们所谓"移情"的作用。他们常常要人们相信，没有主体和客体、自我和非自我的完全同一或融合，就不会有审美的欣赏。但是，正如缪勒·弗莱因斐尔斯指出的，对戏剧表演的审美反应会因人而异。有"分享者"类型的观众接二连三地把自己与剧中人物等同起来，以致完全失去自我意识和自我控制。还有另一种"旁观者"类型的观众以冷静的超然态度静观戏剧情节的发展，他们欣赏的主要是悲剧的形象美。狄德罗早已见出演员当中也有类似这样的区别。他的著名理论要求演员在表情"逼真"的同时，自己应该摆脱感情的支配，保持冷静和自我控制。这同一个区别还引出两种不同的悲剧快感理论。其中一种把悲剧快感的原因归于情绪的缓和、紧张感或努力感；另一种理论则把它归于理智功能的好奇心的满足、形式美的鉴赏或某种深刻真理的揭示。

理想的观众（以及理想的演员）或许应处于这两个极端之间，他对悲剧应能从情感和理智两方面都作出反应。他在情感上把自己和剧中人物等同起来；多少能和他们共命运，这就使他对人物心理能获得第一手的直觉认识。这是理解悲剧的首要条件。他在理智上又能控制自己，把悲剧看成一件艺术品，并注意各个局部与总体之间的关系。完全进入情绪而没有超然的观照和清醒的理智，就看不到悲剧的形式美；完全超然而没有同情的渗透，则不可能像真正的审美经验那样达到情绪的白热化。因此，悲剧快感的缘由必须在情绪的缓和及智力方面好奇心的满足两个方面去寻找。悲剧的欣赏是一个复杂现象，随不同个人的心理习惯而发生很大变化。仅仅以一种理论或一种解决办法为依据，都是错误的。

三

我们已经弄清了在悲剧快感问题上一些主要的复杂情况，现在可以进一步来确定悲剧快感本身的特殊性质。亚理斯多德说："我们要求于悲剧的不是各种各样的快感，而是它所独有的那种快感。"这是一个非常精辟的见解，但却可能使人产生误解。有的人由于忽略这个见解而犯错误，还有的人恰恰因为遵从这个见解而犯错误。

无可否认，悲剧给我们的是它独特的、别种经验不可能产生的快感，因为任何一种经验都有其特殊性。但讨论悲剧的学者们并没有随时记住这个简单的道理。悲剧快感曾被解释为使精神有所寄托（杜博斯），紧张感或努力感（立普斯、帕弗尔），艺术的力量（丰丹纳尔、休谟），情绪的缓和（亚理斯多德及其评注家们）等等。悲剧可能包含所有这些快感来源，但这些快感来源却并非悲剧独有的。你可以在赌博或打猎中找到精神寄托，你可以在做体操时体验到紧张感或努力感，你可以在看斗鸡时满足自己智力方面的好奇心，你也可以在观赏一只花瓶或读一首诗当中获得艺术享受。悲剧欣赏和这种种的区别在哪里呢？我们不满意上面提到的那些理论，并不是说它们全然没有道理，而是说它们太笼统、太不明确。

另一方面，我们也应当记住：任何事物除自己的独特属性之外，还具有和其他同类事物共有的性质。苏格拉底和别的希腊哲学家一样是人。如果你找到了悲剧特有的快感，于是得意扬扬地说："悲剧快感就是这个而不是其他。"那就无异于说苏格拉底是希腊哲学家，因此不是人。你也许会说，谁也不会这么荒唐！然而，关于悲剧的理论层出不穷，都蛮有把握地认为只有自己正确，其余的都是谬误。难道黑格尔会承认，悲剧并不只是证明永恒正义观念？难道有谁能让叔本华相信，揭示人生的无意义也许并不是悲剧快感的主要原因？片面的观点总是很容易作出错误的结论，尤其在精神生活的领域里，任何事情都和无数别的事情有千丝万缕的联系，孤立的原因和孤立的结果都只是一些纯粹的抽象概念。你欣赏悲剧决不会只为了它特有的快感。此外，一个事物或一种现象的独特属性不仅和某种全新的成分共同存在，而且往往存在于各种共同成分互相结合的方式和比例之中。悲剧快感的独特性恰恰在于把情绪的缓和、努力感、好奇心、艺术力量等共同的快感来源结合起来的特殊方式中，这难道没有可能吗？这一想法使我们更有责任全面地考虑问题，不要忽略任何可能有助于产生悲剧快感的因素。让我们像建立金字塔那样提出论证，先从最广阔的基础开始，逐渐走向顶端。

（1）悲剧的欣赏首先是一种活动，所以自然会产生一般人类活动所共有的快感。在这里，最重要的是确定快感本身的性质。享乐主义派的错误在于把情感看成意志与活动的原因，因为情感取决于我们的主观兴趣和态度，离开与我们主观兴趣和态度的关系，任何事物本身都不可能是痛苦的或是快乐的。视情感为意志与活动的结果，这才是更合实际的看法。生命总是随时努力在活动中实现自己，情感就是这种努力成功或失败的标志：活动不受阻碍，生命能量得以畅然一泄时即为快感；活动受到阻碍，生命能量被抑制而郁积时即为痛感。大家都知道死是生的对立面，死亡就是一切生命活动的停止。一切有生命的东西最害怕的就是活动的停止。无所事事的怠惰状态是一种令人痛苦的情形，人们努力寻求各种寄托以躲避这种状态。杜博斯认为，悲剧正是这种寄托方式之一，它可以消除我们的无聊，给我们以快乐。但生命也需要变动，人们很快会厌腻一种寄托方式，渴求别的东西。悲剧不仅是一种使精神有所寄托的东西，也是一种转移注意的方式。它使我们摆脱日常生活的单调贫乏，这也是它能给人快乐的原因之一。

无论使精神有所寄托还是转移注意，都能使生命能量得到发挥，给人以紧张感、努力感或生命力感。我们在悲剧中不是欣赏痛苦的场面，而是欣赏它使我们兴奋和振奋的强烈刺激。桑塔亚那教授曾写道："我们喜欢的不是一种恶，而是喜欢那种生动而令人振奋的感觉，那是一种善。"

我们在欣赏悲剧时体会到的努力感，主要来自我们对戏剧人物的动作和感情的同情模仿。悲剧人物一般都有非凡的力量、坚强的意志和不屈不挠的精神，他们常常代表某种力量或理想，并以超人的坚决和毅力把它们坚持到底。我们通过与他们的接触和同情地模仿他们，也受到激励和鼓舞。

此外，努力感部分地也来自我们智力方面的好奇，来自我们渴求体验和认识得更多这种出于天性的要求。如果说悲剧是表现痛苦的，它同时也表现深刻的真理。桑塔亚那教授写道：

> 对真理的要求使我们急切地接受一切以真理的面目出现的东西。……一种原始的本能迫使我们转动目光，去看那出现在视野边缘朦胧区域里的任何物体，那种物体对我们越是可怕的威胁，我们的目光就转动得越快。[1]

由于悲剧给我们展现出人类苦难的场面，于是有些人以为悲剧快感像看角斗表演和处决罪犯时的乐趣一样，来源于人性中本能的恶意和残酷，我们已经指明，这种看法的缺点在于把作为艺术品的悲剧与现实生活中的苦难混为一谈。我们还可以进一步指出，即使是看角斗表演和处决罪犯时的乐趣，用它们那令人激动兴奋的性质来解释，也比用人性中的恶意和残酷来解释更好。如果说它们与悲剧有什么共同的地方，那就是它们和悲剧一样，能够强

---

[1] 桑塔亚那：《论美感》，第 230 页。

烈地刺激我们的生命能量和好奇心，而不是它们能满足我们较低等的本能要求。

（2）大多数人类活动所共有的这种种快感来源，当然不会产生悲剧特有的那种快感，甚至不会产生一般的艺术快感。首先得具备美的各种条件。悲剧的欣赏说得更具体些，是一种艺术活动，自然会有各种审美经验共有的快感。悲剧和其他艺术形式一样，与我们日常现实活动的区别在于它是在理想的世界里活动，它是放在一个人为环境中的生活，是从一定距离之外看去的生活。悲剧唤起的活动不是服务于任何外在的实际目的，而是以它本身为目的。这就是席勒所说"自由的活动"或"过剩精力的自然发泄"。因此，艺术是现实的补偿，它为我们提供一个比现实更能给人满足的想象的世界。这样谈论悲剧也许有些出人意表，因为悲剧描绘的是生活的阴暗面。但是，悲剧确实能弥补现实的不足。与我们的日常行动的狭小圈子比较起来，悲剧世界至少是一个非凡的举动、强烈的感情、超人的毅力和英雄的气魄的世界。尼采用象征意义的语言描绘悲剧世界，说它是日神的光辉所照耀的一幅明朗的图画，在其中具有酒神精神的人忘掉他原初的痛苦，在美的外貌中得到补偿。

和一般艺术一样，悲剧也是被人深切地体验到、得到美的表现并传达给别人的一种情感经验。强烈情感的经验本身就是快乐的源泉，表现的美和同感的结果更能增强这种快乐。在悲剧中，我们在情感和理智两方面都与一位大师的心理密切接触，通过这种接触，我们就能吸取一点诗人在灵感激发下进行创作时充溢在心中那股活力、那种炽热的感情、那种得心应手随意塑造人物的欣喜。我们和他共同分享在心中见到美的形象那种快乐，也和他共同分享克服了巨大技巧困难后那种成功的喜悦。[1] 我们被诗人崇高的风格所鼓舞，被他的韵律和节奏所感动，并且沉醉于他那些优美的意象和象征之中。悲剧所表现的可怕事件被艺术的力量征服和改变，我们也许会为表现的真实

---

[1] 参见 C.E. 蒙达涅（Montange）：《悲剧的快乐》，载《大西洋月刊》，1926年9月号。

而难过，但传达这种真实的媒介却使我们感到快乐。在一切伟大的艺术品里，内容和形式都是密不可分的。我们在悲剧中感到快乐的原因之一，就是我们不会脱离其表现形式来孤立地看待痛苦和灾难。只有在内容和形式没有融合为密不可分的整体的非艺术品中，我们才会脱离形式而注意内容，悲惨事件的痛苦性质也才更容易对我们直接发生影响。

（3）悲剧和别的戏剧形式一样，与一般艺术的区别在于它用真人为媒介，生动逼真地模仿一个行动。小说、史诗或甚至一幅画，都可能具有悲剧意味，但它们都只是间接地表现一个行动，它们的主要兴趣也只在人物性格的刻画。所以亚理斯多德在评价悲剧各种成分的相对重要性时，把情节放在首位。施莱格尔也说："行动才是真正享受生活，才是生活本身。"这就可以解释为什么人们对戏剧的兴趣比对造形艺术的兴趣要普遍得多。不怎么喜欢绘画和雕塑的人，大多数对戏剧仍很有兴趣，比起博物馆和画廊来，人们更常去剧院。由于戏剧主要表现行动，在看戏时就比在看画或读诗时，更能强烈地感觉到生命的活力。

（4）以上我们主要谈论的是艺术的一些总的性质，但悲剧还有它的特殊属性。悲剧和其他戏剧艺术形式的区别在于它表现最严肃的行动。人生最严肃的方面不是天真的欢乐或全然的幸福，而是受难和痛苦，所以悲剧表现的是恶、不幸和灾祸。悲剧讲述具有英雄品格或高尚道德的人由福到祸的悲惨故事，这样一种遭难的故事从道德观点看来，并不总是合乎正义观念的。主要人物可能有某种性格上的缺陷，但绝不至于该受那样悲惨结局的可怕惩罚。如果没有恶，如果世界完全受正义原则的支配，那就不会有悲剧。悲剧往往使我们觉得，宇宙之间有一种人的意志无法控制、人的理性也无法理解的力量，这种力量不问善恶是非的区别，把好人和坏人一概摧毁。我们这种印象通常被描述为命运感。如果说这不是悲剧唯一的特征，也至少是它的主要特征之一。

悲剧不仅像喜剧那样使我们觉得高兴，而且能使我们深受感动和振奋鼓舞。正如柏格森所说，喜剧主要触动我们的理智，而悲剧却深深打动我们的内心，激发我们的情绪。悲剧激起的情绪，如亚理斯多德早就指出的，是怜悯和恐惧。对悲剧经验说来，重要的是这两种情绪应当同时激起。怜悯由两个因素构成：对客体的爱或同情，以及因为它的缺陷或痛苦而产生的惋惜感。作为审美感情，怜悯和秀美感密切相关。一个秀美的事物好像在吁请我们的同情，而它那柔弱的性质又在我们心中唤起一点惋惜感。在悲剧中，怜悯主要是由命运感唤起的。我们因为事情竟会如此而深感惋惜，而我们出于对人类的同情，深心希望一切是另一个样子。这种情感常常给悲剧增添悲观和忧郁的色彩，使它近于带有悲哀感的秀美，形成一种特殊的美。

然而仅仅是带有悲哀感的秀美，并不能产生真正的悲剧，因为它缺少那种鼓舞人和令人振奋的力量。这种力量是由恐惧的情绪引起的。作为审美感情的恐惧是崇高感的一个重要成分。正如康德分析的，崇高的事物以其巨大的体积或力量使我们先有一种生命力受到"暂时阻碍的感觉"，或者压抑我们，然后又迫使我们在审美同情中分享它的伟大。我们先是感到惊讶，突然意识到自己的渺小无力，接着又突然超出我们自己平日的局限，在想象中把自己和崇高的对象等同起来，感觉自己受到鼓舞，变得崇高而伟大。第一个阶段的情绪是恐惧，下一个阶段则是惊奇和赞美。悲剧正是以这样的方式影响我们。它因为在体积和力量上的伟大，首先是使人觉得可怕。在可怕的命运之前，我们感到自己渺小而软弱。但是，悲剧人物面对不幸灾难时那种超人的毅力和英雄气魄，在我们心中唤起人类尊严的感觉，很快就抵消了这种"暂时的阻碍"。

因此，悲剧感基本上类似崇高感，但又不仅是崇高感。崇高是超出怜悯之上的，在看到暴风雨之夜和崇山峻岭时，我们绝不会有任何惋惜感。另一方面，悲剧又总是包含着某种柔弱的、让人感到惋惜的东西。总而言之，我们在悲剧中既感到怜悯，又感到恐惧。因此我们可以说，悲剧感是崇高与可怜两种效果的结合，而以崇高为最主要的成分。由于悲剧感与崇高感密切相关，而在崇高感的积极阶段会引起惊奇或赞美的情绪，所以亚理斯多德所列举的悲剧情绪也许并不完全。在怜悯和恐惧之外，我们还应当加上惊奇、赞美或崇敬。在悲剧中，人的尊严的意识和命运观念同等重要。没有冲突，没有对灾难的反抗，就不会有悲剧。悲剧人物在那冲突之中总是失败，但精神上却总是获胜，始终顽强不屈。如果感觉不到一点惊奇和赞美之情，那就等于对悲剧精神的一个基本部分全然没有体会。

悲剧中怜悯和恐惧的问题在传统上是和"净化"问题相联系的。据亚理斯多德说，"悲剧激起怜悯和恐惧，从而导致这些情绪的净化"。对"净化"一词有两种解释，较早的一种认为这个词是从宗教借来的比喻，意为"涤罪"。但近代语言学家们倾向于从医学意义上理解这个词，意为"宣泄"。从心理学观点看来，"净化"一词既不能理解为旧的宗教意义上的"涤罪"，也不能理解为医学术语意义上的"宣泄"。首先，因为情绪是心理机能而非静止的实体，它们在兴奋过程之前和之后都不存在，也不能像脏衣服那样洗涤和染色。其次，如果把"怜悯和恐惧"理解为不是情绪本身，而是与这些情绪相对应的本能素质，那就必须指出，一般本能素质都有生理上的功用，在绝大多数人身上，它们并不一定有需要涤除或宣泄的痛感成分或致病成分。心理不健全的人毕竟是少数，悲剧也绝不是医治疯子和精神病人的特殊治疗方法。再次，成千上万年以来，人类本能和情绪并没有发生很大变化，要在几个小时内用虚构的苦难把它们涤除或宣泄，也是不大可能的。此外，生理的证据可以证明，反复训练不仅不会减弱，反而会增强本能的力量。最后，情绪的性质部分地决定于激起这些情绪时的环境条件。悲剧的怜悯和恐惧与现实生活中的怜悯和恐惧是在完全不同的条件下产生的，所以偶尔激起的悲剧怜悯和恐惧不可能对现实生活中的怜悯和恐惧产生明显的影响。

还有人试图用弗洛伊德派心理学的观点来解释"净化"这个词。根据一般弗洛伊德心理学原理，"净化"是被压抑的"情感"或能量及相应观念的发泄。这种发泄的成功并不是由于简单的直接缓和，而是由于把"情感""移置"到比较可以为意识所容许的另一个观念上。具体应用到悲剧上，对弗洛伊德派学者说来，"净化"的意思就是"意愿的满足"，尤其是指构成"俄狄浦斯情意综"核心那种乱伦欲念的满足。这些都是亚理斯多德不可能有的近代观念。弗洛伊德派的解释除了把近代思想强加给古代理论这种错误以外，本身也有一些严重问题。这里只提两点。第一，这种解释意味着意愿是在隐意识中得到满足，而满足的快感却在意识中被感知。这个观念在我们看来似乎是矛盾的，因为它等于说意愿虽得到满足，但主体（即隐意识人格）并不感到满意。第二，这种解释完全忽略悲剧的形式美。隐意识的性质要求意愿在象征形式中得到表现，但并不要求在美的形式中得到表现。

我们对这个问题提出了一种简单得多的看法。净化就是"情绪的缓和"。怜悯和恐惧都有混合的情调，怜悯由于表现爱和同情，所以是快乐的，又由于含有惋惜的感觉，所以是痛苦的。恐惧能刺激和振奋我们，所以是快乐的，它是由危险的感觉产生出来，所以又是痛苦的。悲剧能够使人感到怜悯和恐惧这两种情绪中所含的痛苦。涤除了痛感的纯怜悯和纯恐惧，是站不住脚的概念，因为怜悯和恐惧没有痛感，也就不成其为怜悯和恐惧了。正是痛感成分使悲剧经验具有特殊的生气和刺激性。但是，悲剧中的痛感并不是始终存在一成不变的。由于任何不受阻碍的活动都会产生快感，所以痛苦一旦在筋肉活动或某种艺术形式中得到自由表现，本身也就可能成为快感来源。例如，人在悲哀的时候如果大哭一场，就可以大为缓和而感觉愉快。诗人虽歌唱欢乐，却更多地吟咏忧伤。无论快乐或痛苦，情绪只要得到表现，就可以使附丽于情绪的能量得到发泄，我们通常就说，得到"缓和"。"情绪的缓和"和"情绪的表现"其实是同样的意思。悲剧的怜悯和恐惧以及悲剧的艺术力量产生积极的快感，当怜悯和恐惧在悲剧中得到表现，被人感觉到时，附丽于它们的能量就得到宣泄，痛感就被转化为快感，从而更增强悲剧中积极快感的力量。因此，悲剧特有的快感是一种混合情感，它是怜悯和恐惧中以及艺术中的积极快感，加上怜悯和恐惧中痛感部分转化成的快感，最后得到的总和。怜悯和恐惧中的痛感转化成快感，是缓和即表现的结果，也就是亚理斯多德所谓"净化"的结果。

四

关于悲剧与宗教和哲学的关系，可以作一个简单的总结。悲剧像宗教和哲学一样，深切地关注恶、神的正义与人的责任等问题。但悲剧精神与宗教和哲学都是格格不入的，因为悲剧并不为这类终极问题寻求确定的答案，而宗教和哲学却费尽辛劳，或者寻求一套情感上给人满足的教义，或者建立一种用理性可以论证的玄学体系。其间的区别可以说明，为什么中国人、印度人和希伯来人这些伟大民族，当他们满足于宗教或哲学的时候，虽然在文学各个领域里都取得很高成就，却根本没有写出一部真正的悲剧。智力上非常活跃、情绪上十分敏感的人，在看到某种违背我们的自然欲望而且超出我们理解力范围的可怕事件时，会感到迷惑不解，悲剧正是反映这种迷惑不解的心理。悲剧态度很近似皈依宗教者那种困惑而狂热的精神状态。而不像虔诚教徒那种已经固定的信仰。例如，拉辛完全转向冉森教派之后，就放弃了悲剧的写作。悲剧态度也不是怀疑主义者的态度。欧里庇得斯是一个怀疑论者，希腊悲剧正是在他那里开始走向衰亡。伏尔泰也是一个怀疑论者，却不是一位伟大的悲剧诗人。怀疑论者是精神上的流浪者，他既没有对家园的热情，也没有对家园的信仰。悲剧诗人在理智和感情两方面都强烈地感到需要一个精神的家园，却总是找不到这样的家园。悲剧起源于希腊，它是在希腊思想还没有固定化为一种严格的宗教信条或一个严密的哲学体系时诞生的。你无论怎样努力搜寻，在埃斯库罗斯或索福克勒斯的作品里，都找不到一套确定而系统的宗教信仰或伦理学说。在希腊哲学发展到顶峰时，柏拉图会激烈地攻击悲剧正是毫不奇怪的事情。由于同样的原因，从亚理斯多德到黑格尔和叔本华，当哲学家们试图探讨悲剧问题时，总是不那么成功。

近代欧洲文明是希腊异教精神和希伯来宗教虔诚的奇特混合。悲剧作为希腊异教精神的产物，总带着世俗的和渎神的成分。希腊人的命运观念很难与基督教的天意学说协调一致。所以近代欧洲悲剧是移植到不相宜的土壤上去的植物。它并没有放弃希腊的命运观念，又偷偷输入了基督教关于神的正义的观念。在高乃依和拉辛的作品里，最能明白见出互不调和的观念这样混杂在一起的不幸后果。莎士比亚是在一个异教世界里活动，他在精神上是和希腊人为伍的。马志尼反对莎士比亚，认为他既没有明确的人生观，又没有任何全心全意的信仰，这其实是完全错误的看法，即认为伟大的悲剧诗人必须有道德信念或宗教信仰。

悲剧往往是以疑问和探求告终。悲剧承认神秘事物的存在。我们如果把它进行严格的逻辑分析，就会发现它充满了矛盾。它始终渗透着深刻的命运感，然而从不畏缩和颓丧；它赞扬艰苦的努力和英勇的反抗。它恰恰在描绘人的渺小无力的同时，表现人的伟大和崇高。悲剧毫无疑问带有悲观和忧郁的色彩，然而它又以深刻的真理、壮丽的诗情和英雄的格调使我们深受鼓舞。它从刺丛之中为我们摘取美丽的玫瑰。

难道我们应当责难悲剧充满矛盾，缺少明确的宗教信仰和严密的哲学体系？哈姆雷特对霍拉旭说："天地间有许多事情！你的哲学里没有梦想到的。"生活比道学家和逻辑学家们所设想的要丰富绚丽得多。悲剧的任务好像是"向自然举起一面镜子"，而且不让

> 我们的好管闲事的智力
> 去歪曲事物的优美形象。

附

录

BIBLIOGRAPHICAL INDEX
Indicated in the text with
arabic numerals in brackets

CHAPTER I

1.History of Herodotus, English Translation by G.Rawlingson（1862）, Vol. IV,
  p.38.

2.Saint Augustine: Confessions, English Translation by E. B.Pusy（1907）.
  Bk. III, § II.

3.James Sully: An Essay on Laughter（1902）, p.18.

4.Clive Bell: Art（1914）, Chapter I, § I.

CHAPTER II

1.Kant: Critique of Judgment, Bk. I, §2; English Translation given by

Carritt in Philosophies of Beauty（1931），p.110.

2. B. Croce：A Breviary of Aesthetics（1913），English Translation in Philosophies of Beaty（see note Ⅰ above），pp.233-243.

3. Münsterberg：Principles of Art Education（1905），pp.19-20.

4.Schopenhauer：The world as Will and Idea（see Chap. Ⅷ below），Bk. Ⅲ，§ 34.

5. Lipps：Aesthetische Einfühlung，passages translated by Carritt in Philosophies of Beauty，pp.252-258.

6. K.Gross：The play of Man，English Translation by Baldwin，pp.322-333.

7. Lotze：Mikrokosmus，Bk. Ⅰ，Chap.2，Quoted by Vernon Lee in Beauty and Ugliness（1911），pp.17-18.

8. For Formalistic Aesthetics see the following：

（Ⅰ）Kant：Critique of Aesthetic Judgment，English Translation by J.C.Meredith.

（Ⅱ）Croce：Aesthetic，English Translation by D.Ainslie（1922）.

（Ⅲ）V.Basch：Essai critique sur l'esthétique de Kant（1927）；and Le Maitre problème de l'esthétique，Revue Philosophique，Juillet，1921.

（Ⅳ）Clive Bell：Art（1914）.

（Ⅴ）Roger Fry：Vision ad Design（1930）.

9. J.Hytler：Le Plaisir Poétique（Thèse，Lyon，1923）.

10. Cf.A.B.Walkley：A new theatrical adventure started with'King Lear'，reprinted in J.Agates' English Dramatic Critics（1932），p.271.

11.H.Delacroix：Psychologie de l'Art（1927），p.27.

12.E.Bullough：Psychical Distance as a Factor in Art，British Journal of Psychology，Vol. Ⅴ，（1912）.

13.Delacroix：Psychologie de l'Art，p.86.

14.For the problem of Prose Tragedy see the following：

（Ⅰ）F. L.Lucas：Tragedy（1928），Chap. Ⅵ.

(Ⅱ) Allardyle Nicoll: The Theory of Drama (1931), Chap. Ⅱ , § 3.

(Ⅲ) G. Santayana: The Sense of Beauty (1905), pp.226-238.

CHAPTER Ⅲ

1.Lucretius: De Rerum Natura, Bk. Ⅱ , Verse 1-2.

2.Santayana: The Sense of Beauty, p.236.

Cf. Addison: The Spectator, No. 418.

3.Cf. A. Nicoll: The Theory of Drama, p. 136.

4.Herckenrath: Cours de l'esthétique, Quoted by Faguet (see below) .

5.E. Faguet: Drame Ancien, Drame Moderne (1898), p.1-25.

6.A. Bain: The Emotions and the will (1859), p.195.

7.Bergson: Le Rire (1924), pp. 160-174.

8.S.Johnson: Preface to Shakespeare's King Lear, reprinted in A. Nicoll's
    Shakespeare Criticism, (1916), p.137.

9.Bradley: Shakespearean Tragedy (1905), p.252.

CHAPTER Ⅳ

1.Burke: Inquiry into the Origin of our Idea of the Sublime and the Beautiful
    (1756), § 14-15.

2.Saint-Mare-Giradin: Cours de la littérature dramatique (1874), Tom Ⅰ , p.1-2.

3.Schopenhauer: The world as will and Idea, Bk. Ⅲ § 34.

4.Diderot: Paradoxe sur le comédidien; Oeuvres ohoisis (Larousse), p. 144.

5.Langfeld: The Aesthetic Attitude (1928), Chap. Ⅲ .

6.Downey: Creative Imagination (1929), p. 181.

7.Maller Freienfels: Psychologie der Kunst (1922), Vol. Ⅰ , p.66.

8.Downey: Creative Imagination, p.181.

9.Flaubert: Correspondance (1850-1854), Tom Ⅱ , pp.358-359.

10.Maller Freienfels: Psychologie der Kunst, Vol. Ⅰ , p.67.

11.Gsell: Le Théâtre, p.29.

12.Sarah Bernhardt: Mémoires, Tom Ⅱ , p.106.

13.Legouvé: Soixante ans de Souvenirs. Tom Ⅰ , p.243 et seq.

14.P. Fitzgerald: Life of David Garrick, (1868), Vol. Ⅱ , p.54.

15.Diderot: Paradoxe sur le comédien (see No. 4 above), p.153.

16.Eneyelopedia Britanica, 14th edition, Article on "Acting" .

17.Shakespeare: Hamlet, Act III, Sc. II.

18.Eugéne Delacroix: Journl (1893-1895), Tom I, p.247.

CHAPTER V

1.Plato: Republic, Bk X. English Translation by Je-wett (1892), pp.318-322.

2.Aristotle: Poetics , Chap. VI, English Translation by Butcher, p. 23.

3.For the discussion of Pity and Fear in Tragedy see the following:

(Ⅰ) Corneille: Discours sur la Tragédie.

(Ⅱ) Lessing: Hambarg Dramaturgie (1967-1968), No.48.

(Ⅲ) E. Egger: Histoire de la critic chez les grecs (1886), p.296.

(Ⅳ) Butcher: Aristotle's Theory of Poetry and Fine Art, pp.240-273.

(Ⅴ) Bywater: Aristotle on the Art of Poetry Com-mentary (1909), pp.210-213.

4.Plato: Repulic, Bk. X, especially § 605-606.

5.Bergson: Les donées immédiates de la conscience (1913), pp.14-15.

6.Döring, Quoted by Bywater(see above), p.212.

7.A. Nicoll: The Theory of Drama, p. 120.

8.Guyau: Problèmes de l' esthétique contemporaine (1925), p. 47.

9.Livingstone: Article on Literature in The Legacy of Greece.

10.Bradley: Oxford Lectures on Poetry (1909), The Sublime, pp. 37-65.

11.Kant: Critique of Judgment, Bk. I, § 23.

12.Johnson: Preface to Shakespeare (see No. 8 under Chap. II, above), p. 96.

13.Macneile Dixon: Tragedy (1925), p. 73.

CHAPTER VI

1. Aristotle: Poetics, Chap. XII, Butcher's Translation.

2. Bywater: Aristotle on the Art of Poetry, Commentary, p. 214.

3. Corneille: Discours sur le Poëme dramatique, Oeuvres complètes, Edition de Lahure, Tom V, p. 327.

4. Scthiller: Aesthetical Essays , Bohn's Library, p.251.

5. Agamemnon, 1. 1562.

6. Choephore, Augusta Webster's Translation, 1. 676.

7. Antigone, 1. 920.

8. Egger: Histoire de la Critique chez les Grècs, p.302.

9. Johnson Preface to Shakespeare (see No. 8, Chap. III, above), pp.102-103.

10. Gervinus: Shakespeare, Quoted by J.S. Smart (see No 12 below) .

11. J. S. Smart: Tragedy, English Association Essays, Vol. VIII, 1922, pp.

12. Ibsen: Ghosts, Act II, English Translation by R. F. Sharp.

CHAPTER VII

1.Hegel: Philosophie of Art, English Translation by Osmaston (1916), Vol. IV, Section on Tragedy.

2.Macneile Dixon: Tragedy, p. 160.

3.Eckermann: Conversations with Goethe, 28 March, 1827.

4.Bradley: Oxford Lectures on Poetry, Lecture on Hegel's Theory of Tragedy, (Henceforward abbreviated as Oxf. Lect.) .

5.Bradley: Shakespearean Tragedy (Henceforward abbreviated as Sh. Trag.) .

6.Oxf. Lect., p. 86.

7.Oxf. Lect., pp. 87-88.

8.Sh. Trag., p. 19.

9.Sh. Trag., p. 34.

10.Sh. Trag., pp. 25-39.

11.Sh. Trag., pp.31-32.

12.Oxf. Lect., p. 32.

13.Sh. Trag., p. 29.

14.Oxf. Lect., p. 82.

15.Sh. Trag., p. 84, p. 198, pp. 322-326.

16.Sh. Trag., p. 147-148.

17.Sh. Trag., p. 241-242.

18.Verity's Edition of Hamlet, Notes, p. 213.

19.Sh. Trag., p. 278, foot-note;

20.Sh. Trag., p. 324.

21.Sh. Trag., pp. 324-325.

CHAPTER VII

1.Schopenhauer: The World as Will and Idea, English Translation by R. B. Haldane and J. Kemp (1883), Bk. III, § 33-34.

2.Ibid, Bk. III, § 38.

3.Ibid, Bk. III, § 34.

4.Ibid, Bk. IV, § 68.

5.IbId, Bk. III, § 51.

6.Carrit: Theory of Beauty (1928), pp. 122-123.

7.The World as Will ect.; Bk. III, § 51.

8.Odyssey, Bk. XI, 1.484.

9.Antigone, 1. 8.

10.Iphigenia at Aulis, 11. 1211-1252.

11.The World as will etc, Bk. IV, § 68.

12.Nietzsche: The Birth of Tragedy, English Translation by Oscar Levy (1909), Introduction, p. XXV.

13.Ibid.p. 46.

14.Ibid, p. 51.

15.Ibid, p. 44.

16.Ibid, p. 46.

17.Ibid, p. XXV.

18.Ibid, p. 128, (Carritt's translation in Philosophies of Beauty is here given, for it is more intelligible than Levy's).

CHAPTER IX

1.Quoted by B. Croce in European Literature in the 19th Century, D. Ainslie's Translation, p. 120.

2.Heine: Brief aus Paris, No. 44.

3.Schucking: Characters and Problems in Shakespeare's Tragedy, George Harrap, 1922, pp. 157-167.

4.Magnus: Dictionary of Modern European Literature, 1926, Art. on Death.

5.Jeremy Bentham: Principles of Morals and Legislation, Chap. I.

6.W. MeDougall: Outlines of Psychology (1928), p. 267.

7.Wohlgemuth: Pleasure and Uapleasure Brit Journ of psyc Mono Suppl No VI.

8.Freud: Totem and Taboo.

9.Fontenelle: Réflexion sur la Poetique (1678), § 36.

10.Hume: Essays: Tragody, (1757), pp. 127-133.

CHAPTER X

1.Aristotle: Poetics, Chap. Ⅵ, Butcher's Translation.

2.Lessing: Hamberg Dramaturgie, No. 48.

3.Corneille: Discours sur la Tragédie (see No. 3, Chap. Ⅵ), p. 338.

4.Fontenelle: Réflexions sur la poétique, § 36.

5.Aristotle: Politics, Bk. Ⅷ .

6.Bywater: Aristotle on the Art of Poetry, p.155.

7.Butcher: Aristotle Theory of Poetry, pp. 253-254.

8.McDougall: Outline of Psychology, p. 325.

9.Euripides: Medea, Ⅰ. 190 et seq.

10.Aucassin et Nicolette, Ⅰ, Ⅴ. 10 et seq.

11.Spenser: Fairie Queen, Bk. Ⅱ, Ⅰ. 46.

12.Wordsworth, Imitation of Immortality.

13.John Kebel: Essays, Historical and Critical.

14.Byron: Letters, Quoted by Prescott, p. 272.

15.Butcher: Aristotle's Theory of Poerty, p. 246.

16.Butcher: Aristotle's Theory of Poetry, p. 247.

17.Carritt: Theory of Beauty, p. 67.

18.Prescott: The Poetic Mind (1922), pp. 260-277.

19.Baudouin: Psychanalyse de l' art (1929), pp. 200-208.

20.Dixon: Tragedy, p. 118.

21.Freud: Art on Psychoanalysis in Ency. Brit. 14th Edit.

CHAPTER XI

1.Abbé Dubos: Réflexions critiques sur la poësie et la peinture, Quoted by Hume in Essay on Tragedy.

2.A. W. Sçhlegel: Lectures on Dramatic art and Literature, English Translation by J. Black (1902), pp. 30-42.

3.Calvin Thomas: Tragedy and the enjoyment of it, The Monist, (1914), no. 3.

4.Richards: Principles of Literary Criticism (1928), pp. 245-248.

5.Lipps: Passages Translated by Carritt in Philosophies of Beauty, p. 253.

6.Lipps: Tragik, Tragödie und wissenschaftliche Kritik, Cf. Carritt: The Theory of Beauty, Chap. XI.

7.Aristotle: Poetics, Chap. Ⅳ, Bywater's Translation, pp.9-11.

8.F. L. Lucas: Tragedy, p.51 et seq.

9.J. S. Smart: Tragedy, Essays of English Association, Vol. Ⅷ.

10.Schlegel: Lectures on Dramatic Art, pp. 66-69.

CHAPTER XⅡ

1.Camboulin: Essai sur la fatalité dans le théâtre grec (1855), pp. 5-10.

2.Dixon: Tragedy, p. 190.

3.Dixon: Tragedy, p. 66.

4.Quoted by Green in Short History of the English People, p.21.

5.Voltaire: Candide, (The end).

6.Tchao-Chi-Kou-eul, French Translation by Stanislas, Julien, 1834.

7.Racine: Préface á l'Esther.

8.S. Lévi: Le théâtre indien, pp. 32-34.

9.H. H. Wilson: Select Specimens of the Theatre of the Hindus (1835), Introduction, p. XXVI.

10.Kalidasa: Sakuntalt, English Translation by W. Jones.

11. The Bible, Judges, Chap. Ⅱ.

12. Lucian: Works, Dialogues, no. XLIII.

13. Schlegel: Comparaison entre la Phédre de Racine et celle d'Euripide（1807），

  p. 83.

14. Tragédie，La Grande Eneyclopédie，Vol. 31.

15. Dover Wilson: The Essential Shakespeare，p. 9; p. 118 et seq.

16. E. Chambers: William Shakespeare, Vol. I, pp. 85-86.

CHAPTER XIII

1. G. Santayana: The Sense of Beauty，p. 230.

2. Cf. C. E. Montagne: The Delight of Tragedy，Atlantic Monthly，Sept. 1926.